深度成长。

DO IT
MEAN IT
BE IT

〔爱尔兰〕科里·夏纳罕◎著

陶尚芸◎译

台海出版社

图书在版编目（CIP）数据

深度成长／（爱尔兰）科里·夏纳罕著；陶尚芸译.
—北京：台海出版社，2018.3（2022.1重印）
ISBN 978 - 7 - 5168 - 1773 - 5

Ⅰ．①深… Ⅱ．①科… ②陶… Ⅲ．①成功心理 - 通
俗读物 Ⅳ．①B848.4 - 49

中国版本图书馆 CIP 数据核字（2018）第 037418 号

著作权合同登记号 图字：01 - 2018 - 0604
Do It, Mean It, Be It © 2017 by Corrie Shanahan. Original English
language edition published by The Career Press, Inc., 12 Parish Drive,
Wayne, NJ 07470, USA. All rights reserved

深度成长

著　　者：[爱尔兰] 科里·夏纳罕
译　　者：陶尚芸

责任编辑：王　萍
装帧设计：昇一设计

出版发行：台海出版社
地　　址：北京市东城区景山东街 20 号　　　邮政编码：100009
电　　话：010 - 64041652（发行，邮购）
传　　真：010 - 84045799（总编室）
网　　址：www. taimeng. org. cn/thcbs/default. htm
E - mail：thcbs@ 126. com

经　　销：全国各地新华书店
印　　刷：大厂回族自治县德诚印务有限公司
本书如有破损、缺页、装订错误，请与本社联系调换

开　　本：710mm×1000mm　　　1/16
字　　数：150 千字　　　　　印　张：13
版　　次：2018 年 5 月第 1 版　印　次：2022 年 1 月第 4 次印刷
书　　号：ISBN 978 - 7 - 5168 - 1773 - 5

定　　价：42.00 元

序　言

我写本书的原因

我写这本书，是因为有很多人对生活不满意，我为此而倍感沮丧。太多的朋友和同仁抱怨和讨厌自己的工作，他们并不喜欢自己正在做的事情，感觉都要崩溃了。他们声称，他们担心自己的职业、财富、人际关系和一生的命运。对外界发生的事情我们也是无能为力，比如，全球金融危机的后果、极端主义的崛起、大规模的枪杀、恐怖袭击和英国脱欧。每次经过负面经济新闻冲击之后，厄运和恐惧似乎都在增加，仿佛动荡因素和焦虑情绪已经成为人类的永恒状态。

但我不相信这种说法。我相信生活丰富多彩，我们应该充实地过日子。几年前，我结束相对稳定的打工生涯，实现了自己的创业梦想。我喜欢自己成为企业家的感觉。当然，这是艰苦的工作，但我感觉非常满足，而且妙趣横生。我每天都帮助高管们实现事业理想和生活目标。今年的癌症和随之而来的死亡事件已经证实了我所做的选择。我重新意识到，我为什么如此喜欢自己的生活。这些事情驱使我开始思考：人们为什么不能过上自己想要的生活？我如何帮助他们呢？如果我在与客户合作的过程中可以搜集一些智慧和经验，为什么不能分享出来，让他人受益呢？

本书的作用

本书将会阐明，对你们真正重要的事情是什么？你们想改变的事情是什么？本书还向你们提供了各种实用方法和技巧。此外，本书覆盖面广——从家庭到工作，以及生活和工作之外的事情——应有尽有。

阅读本书之后，你们会变得更加积极主动地创造理想生活。你们会懂得如何实现自己的目标，如何保持和享受自己的新状态。

无论是想要发展自己的职业生涯，拓展新的业务，还是弄清楚如何减少工作，并花更多的时间与自己爱的人共处，本书都会向你们提供切实有效的方法和技巧。

阅读本书的最佳方法

一气呵成，快速读完本书。然后，回到你们最关心的领域，做相关的练习。这可能包括：设定目标、获得支持平台，或在工作中建立自己的形象。本书囊括了世界各地的现实案例，他们都是来自商业、政治和艺术领域的高层人物，可以对我们起到帮助和鼓励的作用。

你们会听到他们分享一些对他们有用的方法，他们如何达到今天的成功，以及如何构建自己想要的生活。本书罗列了很多案例和练习，可以帮助大家集中精力提高自己在生活和工作中找到幸福的能力。敢说敢做，说到做到，马到成功。不要再拖延或抱怨了。这就是你们迈向成功、快乐、美丽人生之路的必备前提。

目　录

第一章

———

深度剖析：乐观＋优势＝成功

本章导读：首先，请恭喜你自己，因为你正在做正确的事情。没猜错的话，你正在阅读本书吧。你的事业很成功，而且雄心勃勃，渴望以后更加成功。当然，人生不可能万事如意。也许你曾经在职场生涯或私人生活中历尽千辛万苦。不过，如果你正在阅读本书，那就可能会生活得更好——较之地球上日消费不足 2 美元的 40 亿人口。本书甚至可以引导你凡事都往好处想，并常怀感恩之心。

保持乐观：找到最好的状态

学会乐观，有助于你客观地审视事物。今天过得怎么样？我要感恩什么？几年前，我去拜访一位新朋友，并留在她家吃晚饭。她是奥巴马政府的高级官员，她的丈夫是一家大型银行的环保专家。他们是一个重组家庭，有两个十几岁的儿子和两条狗。他们的生活和工作都很忙碌。令我震惊的是，家庭聚餐的第一个晚上，他们习惯让在座的各位说出自己感恩的事情。这不是即兴添加的节目，而是每个周末夜晚的惯例——这是他们全家人吃团圆饭时必做的事情。

当时，我们绕着桌子走动，大家轮流讲话，说出自己感恩的事情。我觉得有点尴尬，他们却从容自若。我说，我能在此参加他们的家宴，真是感激不尽。后来，我自己也培养了这一习惯——当我和朋友聚会的时候，以及每周末我和儿子坐在一起吃晚餐的时候，我们都会表演这个节目。我们要大声说出自己多么幸运，这种方法简单又给力。

宾夕法尼亚大学的马丁·塞利格曼被誉为积极心理学之父，他的哲学理念就是：我们应该强化自己的优势，而不是担心自己的弱点。他在《繁荣》（*Flourish*）一书中提出了一种类似的实践练习，名为《我们为什么如此幸运》，具体流程是这样的：吃晚饭的时候，先是询问大家在这一天或这一周内发生的好事，然后再问为什么。这有助于你的朋友或家人充分回忆他们遇到和体验的好事情。每天晚上睡觉之前，你也可以按照惯例来练习一下。我不能保证神经科学的作用，但可以从实验中得出这样的结论：回顾积极的事件，并向他人描述，这是改善心情和增进健康的高效方法之一。

学会乐观，还有一个简单的方法——勤于观察身边的事物。你不必到世界上最贫穷的国家去观看比你过得差的芸芸众生。你可以在自己居住的城市或小区看看，有很多人因为失败而伤心欲绝，还有很多人缺乏你拥有却不珍惜的东西。即便你的健康、财务或人际关系面临着严重的挑战，也有可能比很多人过得好。即便在困难时刻，你也可能获得资源和他人的支持，以帮你渡过难关。

现在，记下你感恩的一切事情，并列成一个清单。请务必记住，要从食物、住所和伴侣等基础问题开始，然后不断地添加事情。你会发现，这个名单很长。（阅读本书的时候，你最好做笔记，因为书中有很多练习，笔记可以帮你温故而知新。）

挖掘优势：成功的关键要素

我们往往太过关注失去的东西，或者探究更好的生活，却忘记了观察正在进行的事情。我们忽视了自己做的好事，却因自己曾经的过错而深感内疚。现在，让我们做个小小的调查吧。

不要等待你的年度绩效考核了，现在就列出一个清单吧。你最大的优势是什么？你到底擅长什么？人们最欣赏你什么？

练习： 制作一个二栏式表格，记下你最大的优势和最卓越的成就，一定要包括你的个人品质、专业素质和成就。

所有这些构成了今天的你自己。在成就专栏中，你是否包括了人际关系、友谊和孩子？你是家里第一个上大学或自己创业的人吗？也许你是第一个获得博士学位或价值百万美元的人。你现在的收入比你父母以前的收入更多吗？

当我们专注于自己的优势时，就会提醒自己能做的事情，以及已经取得的成就。有时，我们成就非凡，而且潜力巨大。

加里·科恩是美国经济委员会的董事，也是高盛集团的前首席运营官。这个身材魁梧且笑容可掬的光头男人，一度在华尔街崭露头角。他是国际金融研究所董事会成员，而我是该研究所管理团队的成员。他总是可以给董事会和相关活动带来巨大的能量。加里精明能干，已经硕果累累，但他并不隐瞒自己有阅读障碍的实情。在他的畅销书《大卫和歌利亚：失败者挑战巨人的艺术》（*David and Goliath：Underdogs, Misfits, and the Art of Battling Giants*）中，马尔科姆·格拉德威尔讲述了加里小时候的经历。在被诊断出有阅读障碍之前，老师们冥思苦想，几年后才得出一个结论——加里是个笨小孩。如今，加里把自己的成功归结为阅读障碍的功劳。他说，当风险来袭或机会来临时，他总是可以游刃有余地加以利用。

我们的缺陷有时会成为我们成功的因素，真是讽刺。

针对上面的练习，你列出的事项已经帮你成就了今天的自己，还可以鼓励你勇往直前，并创造更美好的生活。

此外，你们还要观察自己在生活中真正喜欢的东西。你擅长什么工作？你到底喜欢做什么？你在一周中最美好的时光是什么？

我承认，多年来，我一直被困在华盛顿特区。我和丈夫离婚时，我的儿子萨姆还是个小孩子。从法律意义上来讲，我可以自由地离开这座城市，但我没有能力独自把萨姆带在身边。他父亲再婚了，在马里兰州生活得很幸福。他曾明确表示，坚决反对我带着萨姆离开这个地方。更重要的是，他们父子俩的关系很好，还经常见面。

如今，萨姆已然长大，很快就要上大学了。我越来越迫切地想要搬家了。就在这时，我幡然醒悟——实际上，我在美国广播公司的生活十分精彩，并且拥有美好的朋友圈和职场人脉。我正忙于欣赏芳草碧连天的美景，此时此刻才发觉——幸运草已经长及我的膝盖！

练习：现在，想想生活中一切美好的事物吧，还有你喜欢的日常活动和快乐心情。你可以列出一个清单，包括你的家人和邻居、你最喜爱的体育课和跑步路线、晚间常规运动、图书俱乐部、与朋友或孩子的周六聚会，以及你的暑假生活等。

发现弱势：接纳自己的不完美

你的优势是助你取得成功的因素，但也可以成为阻碍你的因素。当我们过度使用或误用自己的优势时，就可能会伤及自己。这就是我所说的"过犹不及"。所以，面试中有一个经典的老问题——"你最大的弱势是什么？"不要觉得这个问题太好笑，不要说这份工作太辛苦。显然，这是自私自利的表现。相反，摆出你最大的优势，反其道而行之。

例如，如果你的优势之一是注重细节，那你的弱势之一可能就是寻求完美。换句话说就是，过分注重细节。如果你在递交文件之前习惯不断地修改，或者，你点评别人作品的时间多于他创作该作品的时间，那么，你就是在自掘坟墓。你是在让自己的优势——注重细节——成为提升效率的障碍。

大家一定听过"失之过宽"这个成语——形容一个人过分宽容别人的错误，这样就会损害自己的利益。我们发现了同样的现象——如果我们太过主动地帮助那些灰心丧气的人，那么，结果会适得其反。很多父母就是这样过度溺爱孩子，不信你随便找个少年来问问！

弄清楚我们最大的弱点并不难。想一想你在绩效考核中收到的反馈意见吧——包括你不认同的一切内容。看一看你和亲朋好友吵过的架。对方总是指责你什么？无论他们抱怨什么，都会有一些道理。当然，你也可以回顾自己的优势，并自诩一番，让这些优势走向极端，变成你的弱点。

练习： 写下你最大的缺点。再想一想，看看能不能找到三五个常常给你带来麻烦的行为或特质。

你可以寻找自己的行为模式。生活中总会出现一些偶然的突发状况。但是，如果同样的事情一直在反复发生，那就会变成你的常态。此时，你需要检查自己的行为，看看哪些地方可以改变。

我有一个培训客户，她是一个高管，工作非常繁重。她抱怨说，她的工作就是没完没了地给别人收拾残局。她的团队和其他同事总是递交不合格的作品给她，她最初会退回去让他们修改，最后她索性自己修改了，因为这样会快一些。你猜怎么了？他们依然递交不合格的作品——直到有一天，她意识到，要么她改变自己，要么什么也不会改变。

俗话说，乐极生悲。快乐到极点也会带来麻烦。如果你过分认同别人对你的要求，那么，你会发现自己一直在奔波，却不再做与自己有关的事情。

劳拉是一个成功的作家兼记者，她也是一个天生的乐天派。最让她高兴的事，就是别人非常感激和钦佩她完成艰巨任务的能力。无论写作任务多么艰巨，截稿日期多么紧迫，她都会在极短的时间内"点石成金"，写出令人佩服的好文章。

她经常受邀去修改非政府组织冗长的行话，将其打造成扣人心弦的故事案例，从而激励捐助者去赞助发展中国家的有价值的项目。她在西雅图的餐厅式办公室里做到了这一切。

然而，劳拉意识到，她做得越多，任务就越艰巨。于是，她开始反抗不合理的截稿日期，因此也变得焦虑不安。幸好她退后一步思考，并意识到，她作为最佳记者的优势以及她取悦编辑的愿望，正在阻碍着她的发展。于是，她推迟了任务，并开始制定有效的工作计划。

你的优势如何对你不利？你的哪些不良习惯挡住了你想要的生活？

激活优势：开启你的多重身份

米开朗基罗是文艺复兴全盛时期最重要的艺术家之一。作为艺术家、雕塑家、建筑师和诗人，他对当今艺术家产生了永久的影响。每年有数百名游客涌向意大利，他们惊叹于西斯廷教堂里米开朗基罗的作品——《圣母怜子像》和《大卫》。米开朗基罗的哲学思想不太被认可，但他对创作过程的思考让我们所有人受益匪浅。

如果人们知道我为获得成功所付出的辛勤劳动，那么，我的成功就没有那么精彩了。

——米开朗基罗

米开朗基罗认识到辛勤工作、遵守纪律、努力磨炼技能和创作杰出作品的重要性。他坚信"熟能生巧"，而不是"等待灵感来袭"。

他的理念也适用于我们的生活和工作，因为我们试图创造自己想要的生机勃勃的生活，而不是疲惫不堪的生活。

做到这些，最快的方法就是依赖你自己的优势。这不是补救方案。你已经取得了成功，你做得很好。然而你可以在成功的同时，撇开其他不必要的累赘。

迪恩·罗宾逊是澳大利亚一家会计师事务所的负责人，专门服务于私立的家族企业。他很擅长自己的工作，客户都很喜欢他，但他并不开心。他有一个 15 人的团队，其中包括一个合伙人，后者的工作经验严重不如他。迪恩是个神通广大的企业经理和交易人，也是质量控制的负责人。他不快乐，因为他整天都在工作，在一线忙前忙后，还要领导后期工作，以保持客户要求的质量。

虽然公司的年收入已经达到200万美元，但他的实际收入只有一小部分。他开始怨恨员工不像他那样忠于公司，这些员工似乎热衷于追求与他们的贡献或工作质量并不匹配的工资和福利。

迪恩真正喜欢的工作是为客户的业务和长期目标提供咨询服务，而不是纳税申报的细节。他正在帮助家族企业实现专业化，积极发展业务，并思考未来的继任计划。客户们喜欢他的战略视角，他为企业创造了巨大的价值。但是，迪恩依然忙于纳税申报和审计的日常交易工作，无法向每个有需求的客户提供战略服务。最后，他觉得自己已经受够了。

迪恩最大的优势在于，他能够为客户业务制定战略愿景，以便支持和提升客户的家庭生活。是的，他可以提供优秀的会计和税务服务，但其他会计事务所也可以做到。只是，很少有人可以帮助家族企业充分发挥潜力。迪恩则可以做到，而且他也热衷于此事。

对我们大多数人来说，更大的危险不在于把我们的目标定得太高而实现不了；而是在设定目标时，我们把目标定得太低而轻易达到。

——米开朗基罗

所以，迪恩把公司转让给了合作伙伴，自己独立出去了。一切都要白手起家，这需要勇气、自信，以及不断的训练和不懈的努力。他现在只专注于自己最擅长的领域，其他的一概放弃。

迪恩说，最大的挑战就是目标实现过程中的可操作性和个体性。这对他周围的人不公平，包括他的妻子，她也是干这一行的。

"我就好像在面临一场中年危机，但对我而言，它根本不是一场危机，而是破茧化蝶的过程。"迪恩对我说，"我经历了一段可怕的日子。我很沮丧，变得脾气急躁。但我一直在质疑。我没有停下来接受正在发生的事情。我做了自己该做的事，也完成了任务。我找到了自己能学的东西和提高速度的办法。我走上了正确的道路，知道这一辈子我应该做什么。"

我在一块大理石中看到了一位天使，我不停地雕刻，直到我将它释放。

——米开朗基罗

迪恩开始成立新公司的时候，也有些沮丧和焦虑的时刻，但从来不会有疑问。他知道自己的优势和需要坚持的方向，你也可以这样做。

每一块石头都有其内在的含义，而雕塑家的工作就是去发掘它。

——米开朗基罗

提高效率：充分利用每一秒

为了创造一种有意义的生活，你需要停下一些你一直在做的事情，而不仅仅是培养新的习惯。你必须分辨出困扰你的习惯、人际关系和信念，然后抛弃掉它们。就像米开朗基罗一样，你需要回避与你的目标和你想要的生活无关的事物。只有这样，你的生活才会变得有意义。

说起来容易，做起来难，对不对？现在看一看你的时间花在了哪里。

练习：写日记，记录一下你的时间花在了哪里。你不必解释每一个事项，但要每隔 15 分钟、30 分钟或 60 分钟注意一下自己在做什么，你会发现，这样做更容易。务必要简单记录，让你自己一眼就能看明白。没有必要写出很多细节。坚持一个星期，看看你的时间到底去哪儿了。在工作中，也可以写日记，记得简单一点儿。

我在设立咨询业务不久之后，就开始练习写工作日记。我认为，我正在努力工作，我专注于为了赢得客户而需要做的事情。我已经接触到自己认识的人，看看他们是否需要帮助，或者是否可以把我推荐给别人。

这个练习有启迪作用。我花了大量的时间（和金钱）与前同事和朋友一起喝咖啡、共享午餐。是的，他们当中有些人有能力雇用我，但大多数没有这个能力。其中也有许多人有能力推荐我，但不是所有人都有这个能力，而且，我花了 3 个多小时才明白过来。例如，我们会安排在午餐时见面，包括从家里出来的时间，可能需要 3 个小时。我从办公室打一个简单的电话，只需 30 分钟，也一样有效，特别是和非常了解我的人通话更见效。

我和认识且喜欢的人见面后，拒绝他们的建议需要很大的勇气。因此，我建议打个简短的电话就可以了。但是，如果我能帮助他们，或者，如果他们认识需要我帮助的人，那么，在电话里很快就会说清楚。然后，我会亲自去见面，这样会更加有效。

写日记去跟踪你的时间花在了哪里，这可能看起来像一件苦差事，但很像写饮食日记，可以展示你想吃什么和你实际吃了什么之间的误差，这是一个有用的方法，可以让你搞清楚时间到底去哪儿了。

完成这个练习之后，你应该看到了一些明显的机会，便于你做出改变。那么，这里的秘诀就是安排你真正想要做的事情，比如，在午休时间去健身房。首先，你要在日程表上做个预约，进行必要的修改和替换。接着，看看别人可以完成的事情。

我们将在本书后面的章节中重新提及外包业务和建立支持平台的事宜，但现在，请看别人在做事上花了多少时间。花时间去追踪，尽快说出家里或工作中需要委托的一切任务，例如，任何人都会遛狗，但只有你会冥想。任何人都会叠衣服，但只有你会洗澡或剪发。任何人都会做会议笔记，但只有你会去孩子学校参加家长晚会。

请寻找机会去整理自己的工作时间表或清理自己的收件箱，一定要保持下去。

我曾经负责管理 30 个直接下属，从集体的角度来看，这是一个荒谬的管理结构。无论如何，每年两次业绩评审期间，我都要负责撰写 30 份业绩评估文章，这需要花很多时间。

相反，我与每个人都进行了一次业绩谈话，这也是必需步骤。谈话结束时，我让他们总结一下他们对这次谈话的认识、他们发展的领域等，然后发电子邮件给我。

我只需将该电子邮件添加到他们的业绩文档中去。如果我不同意他们的叙述，或者他们遗漏了什么，我就会回复自己的意见，并将该电子邮件发送到系统中。突然之间，整整一个星期的烦琐工作被清除得一干二净。

想想你的时间都去哪儿了，看看你如何摆脱无关琐事而直奔主题——那些可以帮助你的事情，以及你最喜欢的事情。

第二章

——

没有目标，再多的努力也白费

本章导读：首先，请弄清楚你的理想和目标。如果你没有明确的目标，就很难抵达目的地。不要让你认为可能的事情限制了你自己。在理想的世界里，你会做什么呢？请弄明白你理想的未来大概是什么样子，并将其与当前的现实进行比较，从而激发你前进的动力，实现你需要的变化和进步。

2016 年 10 月，我在奥兰多的企业财政专家会议上发言。这些与会人员都是金融界的幕后英雄，他们致力于企业的长期财务健康和可持续发展。他们所从事的业务包括所有的经济部门和环节，但很少成为头条新闻。他们是长期的规划者，总是考虑三五年，甚至更长时间内的资金周期问题。

然而，当他们谈及自己的职业生涯规划时——也就是我的演讲主题时——他们承认自己确实不够勤勉。

如果你漫无目的，那就很难实现目标。

这似乎是显而易见的事情，但那一天，500 名观众中的大多数人都认为自己没有具体的目标——尽管他们渴望实现生活的变化和进步。

再说一遍：你首先需要弄明白自己的理想和目标。如果你没有明确的目标，就很难抵达目的地。

目标驱动：描绘未来的蓝图

乔·皮尔特女士是爱尔兰都柏林郡和基尔代尔郡的居民，她上大学的专业是国际营销。这是一门竞争力很强的课程，很多人申请了这个专业，结果却失望而归。人们一致认可，此专业的毕业生未来找工作比较容易。乔为了获得学位，又在法国学习了一年，所以，她的法语相当流利。她开始的工作是帮助国际公司进军新的市场，她真的很享受这份工作。

但是，经过了多年的企业生涯之后，她 40 岁左右开始思考未来，以及她这一生会有什么贡献。她感觉自己的真正兴趣在于医学，并决定重新学习，转行当医生。

她对我说："我这样做是因为我一直对医学十分感兴趣，尤其是喜欢提供卫生服务和政策。我讨厌谈论事情却不采取行动，这么多年的企业生涯让我明白，最有效的文化变革是由内而外的脱胎换骨。"

她很惊讶，因为她几乎得到了朋友和家人的一致支持，很多朋友也考虑回头去做同样的事情。但那些医学领域的人士却质疑她离开企业生涯的决定，当时她的收入了超过了许多同龄人，可现在，她要从头学起，这是一个艰巨的学习任务。不过，乔却不这么认为。

她说："我做到了，因为我可以。我从来都不发牢骚。我一直很喜欢工作，因为我一直很幸运，一直在自信中成长。我有能力取得某些成功，并选择追求激情和愿景，而不是那久违的梦想。"

她开始上医学院，住院实习了 7 年之后，决定重新训练——她开始了自己的医生生涯。如今，她在康诺利医院内科工作。她从来不曾遗憾过——之前选择企业道路的时候，没有后悔，后来改行当医生，也没有后悔。

她说："我非常幸运地选择了医生这个职业，因为医学生涯让我结交了很多朋友。我从来不后悔自己的决定。对于在学校做出选择的年轻人而言，医生是一种受到约束的职业。我很高兴，在经历了其他职业之后再选择医学。"

乔是一个不寻常的例子，但我们当中有很多人却在一年又一年地做着自己不太喜欢的事情，因为我们认为不可能有什么改变的机会。

我们担心赚不了大钱，过于冒险可能会失去目前的稳定收入和生活。我们认为，我们可能会失败，其实我们的现状并不是那么糟糕。

我们很少认为，我们会过得更好，我们会变得更快乐，我们会赚到更多钱。我们忘记了这样的事实——我们的当前境况也会发生变化，不可能处于永远静止状态。我们无法预见的变化将会让我们目前的生活变得不那么令人满意，而且，我们就像温水中的青蛙一样，没有注意到温度越来越高的变化。当我们明白真相的时候，就已经晚了。

有一种方法可以避免这种情况——写下你理想的未来。你希望理想世界中的事物是什么样子？暂时不要考虑其他约束条件。你最喜欢做的是什么？你如何消耗自己的时间？

最重要的是，要把答案写下来，好像你已经梦想成真，好像你已经生活在未来，好像你就是在未来描绘自己的生活。

练习：取出一页空白纸，在页面最上方写下你的理想。写上未来某一天的日期。然后写下你在那一天的生活品质。使用形容词描述你的感受，以及你的生活质感。对你最重要的人是什么样子？他们过得好不好？他们在做什么？

不要让你认为可能的事情限制了你自己。在一个理想的世界里，你会做什么？把它写下来，然后雄心勃勃地跨出第一步，为实现梦想而努力奋斗。

定义未来：思考现实与未来

现在是把理想的未来与你当前的现实进行比较的时候了。你当前的世界是什么样子？你一定要实事求是，客观描述。使用简明扼要的短句。少关注一点你对当前现实的看法，多关注一点你的实际情况。

练习： 在同一页的底部，写下你当前的现实状态。务必写下今天的日期。你在哪里工作？你的婚姻状况是什么？你有后代吗？你的财务状况如何？等等。

现在，请把你当前的状态与你未来的状态放在一起进行对比。如此一来，你就会造成紧张的局势，这种紧张心理会带给你行动的动力。

这是我的好朋友兼伟大的导师率先开创的一项技术，他就是佛蒙特州纽芬市的罗伯特·弗里茨先生。如果你有兴趣学习更多，我会向你推荐他的著作《管理者的阻力最小之路》（*The Path of Least Resistance for Managers*）。

正如罗伯特所说的那样，现实是后天养成的嗜好。但是，对于自己当前的现实，要更加诚实地去面对，特别是如果你想改变它的时候。

现在比较一下这两种状态吧：你当前的现实和你想要的未来。两者相距十万八千里吗？还是没什么太大的差异呢？鉴于当前的需要和外界的现实，也许你想要的未来看上去并不切实际。

举个例子，如果你不太关注未来的理想，而是喜欢与家人共度美好时光，那你就会注重当前的现实情况，并认为辞职和突然转行都不切实际。你也可能不愿意转向要求不高的工作，因为这意味着减薪，那么，这将置你于何地呢？

请不要放弃。最重要的是，明确两种状态之间的差异。你可以进行对比，并真正了解自己理想的生活和自己想要成为的人。这可以让你看到差异，从而马上做出改变。

我建议，练习这种技巧要从小事做起，这样才能快速掌握。例如，参加即将到来的重要会议，你必须提供的演示文稿，你将要进行的旅行。还有，在家举办的晚餐派对或节目。比如，我总是提前安排感恩节午餐。

现在你已在页面上方写下了理想的未来状态，在页面底部写下了当前的现实状态。接下来，你要填充页面中间的任务和你需要做的事情——从现实切换到未来的必做之事。

如果你觉得从生活的细小方面去练习这个技巧比较容易，那就这样做吧。

你应该列个表格，分为两项，一项标记为"任务"，另一项标记为"截止日期"。你可以在其中设置每个任务的日期。下面演示一下，仅供参考。

未来的状态

11 月 15 日，我刚刚向董事会做了演讲。我觉得自己准备得很好，也非常自信。我很清楚自己想要发表的意见。讨论过程卓有成效。他们问了很多问题，也做出了一些决定，我们同意接下来的措施。他们重视我的团队贡献和创意。我很高兴，这就是我的工作。

任务·······························**截止日期**

从团队获取信息··························11 月 5 日

草拟执行摘要，以备分发···················11 月 10 日

准备发言要点···························11 月 12 日

实践演示·····························11 月 13 日

当前现实

今天是 11 月 1 日，我刚刚受命向董事会申请一个批准项目，这将为我的团队带来更多的资源。我的团队真的非常渴望我充分准备并获得批准。我认为，不是所有的董事会成员都会参会。我需要推销这个创意。况且，我也不经常向董事会提交申请。

首先，这可能会像一个美化了的待办事项列表，但是，当你将当前的现实与你渴望的现实放在一起的时候，就会发生一些神奇的事情。你会发现，你的想法来自于你要做的事或你要对话的人。但是，如果只是简单地列一个表，就不会萌生创意。

定义理想的未来，并将其与现在的实情作比较，就可以缓和需要改变的事情，并激发你前行的动力。

领导档案：伊丽莎白·莱特菲尔德

伊丽莎白·莱特菲尔德于 2017 年 1 月 20 日辞去了海外私人投资公司（简称 OPIC）的领导职位。OPIC 是美国政府的开发金融机构，负责加强发展中国家的私营机构的实力，并支持美国公司在那里开展业务。

在 7 年的任期内，她将该机构的投资额翻了一番，达到近 220 亿美元。同时增加了对非洲的关注，每年投资 10 亿美元用于可再生能源，并与美国小企业合作了 3/4 的项目——美国纳税人的成本为零，因为该机构是自负盈亏。实际上，她在任期内为国家赤字贡献了 26 亿美元。对于她这样的"要么写诗，要么加入和平护卫队"的文艺范儿来说，实在是很不错了，何况她认为自己并不是特别擅长银行业务。在兄长们的竭力劝说下，她在摩根大通开始了自己的职业生涯。她的哥哥们认为，她需要从"绩优股"银行业背景中脱颖而出，但她后来进了不太知名的边角行业，反而触发了对发展中国家的工作热情。

"我没有进行主流并购，这些都是你们期望我去实现的目标。我正在试图寻找一种模式——我可以做一些事情，比如，影响力投资和新兴市场原料项目，这些在当时都徘徊在摩根大通核心业务的外围。这对我来说非常具有吸引力，因为我对发展中国家人民的进步比对原始金融本身更感兴趣。我最后说服了摩根大通，让我把第一次休假安排在了西非，我在那里待了一年，从零开始建立小额信贷机构，并运用我新打造的信贷官员培训技能，为贫苦人民筹集资金。"

她离开摩根大通之后，进入了 CGAP——全球扶贫协商小组——为贫苦人民提供金融服务，随后，她于 2008 年被任命为 OPIC 首席执行官。

伊丽莎白并不夸耀自己的成功。

"我没有太把自己当回事，我可能比其他领导人更坦率和随意，更直接、更直率、更感性、更个人化。不管怎样，我希望这意味着我是在做真实的自己。"

这种风格延伸到了她对企业文化的看法。

"我不喜欢公众化的对外角色，而是偏爱管理好组织，使它兴旺发达，一路凯歌。我非常关心整个机体——管理最好的组织，拥有最积极最快乐的高效之人。大家都以这样的方式在一起工作——亲密、和谐、积极、高效，并努力让世界变得更加美好。我感觉，那里有一点点母性，我真的很喜欢它。这是一个既感性又个性，还滋润心田的过程——真正关心组织及其成员。"

至于工作以外的生活，伊丽莎白已经结婚了，而且还是两个男孩的继母。

"在遇见马特之前，我只懂得工作，这是我一生的动力。我觉得自己已经把同事们逼疯了。后来，我遇到了一个有小孩的男人，突然间，我的整个世界都发生了改变。我觉得，在美国政府机构工作的人当中，我就是唯一晚上不打电话，也不参与社交的人。我要回家为孩子们做饭，那是必须的。我与熟人相比，人脉可能少了些，职场社交也没那么在行。不过，我想，安静休息并没有给我造成多大的伤害。"

"小心空隙"：明白现实和未来的差距

"小心空隙"是世界上最古老的地下铁路系统——伦敦地铁公共广播系统——每天都重复播放的著名信息。它向乘客们通报了他们脚下的站台与列车之间的空隙。它激发了人们的灵感，从而诞生了献给游客的T恤、马克杯和其他纪念品。

"小心空隙"形象地比喻了我们生活中的现实与我们向往的未来之间的差距。如果我们注意到了这个差距，那就更清楚自己需要做出哪些改变了。

有时，我们会感觉差距很大。我儿子很小的时候，我正在做什么和我希望做什么之间的差距，就像打哈欠的裂口一样大。虽然我的工作很有趣，薪水还高，但要求也很高。我经常觉得自己根本不想工作。我以为自己可能会暂停，只要停止工作几年就行。我想象着每天去托儿所接儿子的场景，还有我们下午在一起闲逛的情景。这是我每天早上去上班的时候，他的保姆必须做的事情——还有，要及时赶回家吃饭和洗澡。可惜，我不能奢望不工作。我是单亲母亲，即便做兼职，也无法赚到足够的生活费。

随着儿子渐渐长大，我对自己最想做的事情的想法改变了。他整天都在上学，还开始参与午后运动。即便我有空闲时间，他也不会和我一起出去玩耍。我意识到自己最想做的事就是为自己工作。我不知道我会做什么，如何去做，但我想拥有自己的事业。

我等待了好几年，改变了我的移民身份，事业终于可以挂牌营业，并建立自己的咨询业务。这几年值得等待，我也不后悔没有早一点这么做。这是迟早的事。我在过渡期间获得了巨大的宝贵经验，建立了强大的人脉网络。现在，该是我回馈客户的时候了。

这是一份艰苦的工作，起初我犯了很多错误。第一次做什么都让人筋疲力尽。第二次就会变得容易一些。第三次就更容易了。你现在应该知道怎么办了吧。接下来，你可以增添更多的新任务，又开始疲惫不堪了。但是，你具备前进的动力，你知道你要去哪里。你尝试着去享受开展业务的乐趣，而不会遭遇情感上的折磨——当你拥有"更多客户"和"更多来电"的时候，一定会倍感欣慰。

可是，开业后不到一年，我就生病了。2016年2月，我被诊断出患有卵巢癌。我的整个世界坍塌了。就在6个星期之前，比我小9岁的妹妹芭芭拉，在都柏林被诊断出患有乳腺癌。我们不知道自己是BRCA1基因的携带者，这是一种导致女性乳腺癌和卵巢癌风险极高的变异基因。

我们以前没听说过这种基因，也没有患有乳腺癌的亲属。但是，我们似乎遗传了父亲这边的基因，因为他没有姐妹。20世纪40年代，父亲还是个小孩的时候，他的母亲就在家中去世了，可能是那种基因传给了他的母亲吧。现在想来，我们的祖母可能死于卵巢癌。

另一方面，我很幸运，生活在21世纪的美国，很快就得到了医学界最卓越医师的专业治疗。对于自己受到的待遇，我不胜感激。

在面对自己死亡的时候，会发生很多有趣的事情，其中之一就是我比预期时间更早地意识到了这一点——我实际上过着我想要的生活。我没有后悔自己的创业。我没有因为自己的带薪职位和病假津贴的安全而操心不已。企业家就是我想成为的人；实际上，生病又强化了这一事实。

我意识到，如果天不遂人愿（死亡的委婉说法），我也会很高兴，因为我知道，我至少已经开始做自己最想做的事情。我不会后悔，因为我看到了理想与现实的差距。

执行力：朝着目标，行动吧！

一个人全心投入的时候，就会有犹豫，而在这种情况下，退缩总是没有用。考虑到一切创新行为都有一个基本事实——忽略这些行为往往会导致无数创意和辉煌计划的流失：在一个人完全投入的那一瞬间，他的远见也在增长。在一种情况下出现的幸事，可能永远不会发生在另一种情况之下。一个决定引发了一系列事件，一切对人类有益却不可预见的事物，往往会以人类不曾想过的方式在进行。

——威廉·胡奇森·默里

常常有人误认为，这是引用的德国诗人兼作家歌德的名言。但事实上，它来自于威廉·胡奇森·默里之笔。默里是一名威尔士登山者兼作家，在二战期间，他在北非的英国军队里服役。他在那里被德国人抓获，然后死里逃生——他与抓捕他的人绑在了一起，彼此还分享了热爱登山的心得。他在战俘营生活了3年，还奇迹般地存活了下来，他在卫生纸上写下了自己的第一本书，名为《苏格兰登山游记》（*Mountaineering in Scotland*）。

这句引语常常被误认为出自歌德之口，是因为默里常常引用歌德的戏剧《浮士德》（*Faust*）中的台词："无论你能做什么，无论你梦想自己能做什么，请开始动手吧！大胆就是天赋、能量和奇迹的代名词！"

于是，许多人开始采取新的举措，挑战新的风险，并谈论偶然或巧合之事，以便帮助他们实现自己的目标。

我们往往不会想到，"远见"在我们的日常生活中也会发挥作用，但是，当我们第一次遇到某事之后，就会发生很多巧合。例如，我们第一次看到一个新单词或短语。然后，我们会在很多地方看到它——尽管以前从未见过它。

默里口中的"远见"是由行动推进的。第一步和全力投入的努力推动了事情向前发展。歌德敦促我们"开始"，一旦开始，就会释放出无穷的魔力。企业家和领导者经常谈论开展业务的第一步，或者标志自己职业生涯的转折点。

我说的不是鲁莽或愚蠢。没有必要为了开启那段梦寐以求的跨国旅行而放弃你的家庭和家人。我也不建议你为了开启自己的事业而立即辞职——今天就辞职。（如果你没有这些承诺和愿望，那你在等什么呢？）

分析一下自己的未来，并将其与当前的现实进行比较，以便弄明白自己今天可以开始做的事情。你应该发现，你可以采取一些措施，让你更接近于自己的目标。

致力于目标，并开始向它迈进，就会产生能量和更多创意。当你列下一个行动清单，并开始做其中的一些小事时，你就会看到其他的机会。

有时会出现这样的情况——你意识到了那可能不是自己想要的东西。当你更接近真正的目标和现实时，你可能会发现，那不是你想要或想象的东西。

面对一个新项目，首先要紧缩财政，然后绘制出必要的任务表，这样才可能让你的头脑保持清醒。就像行动和胆量可以带来实现目标的动力一样，让你立刻明白，你现在还没有准备好提交任务。但是，如果你准备好了，现在就开始吧，现在就是立即行动的好时候。

人生的旅程总会有高潮。
随着升涨的潮水，我们可以通向成功。
但被忽略的是，
旅途中浅滩与苦恼总是形影不离。

——威廉·莎士比亚《恺撒大帝》第四幕

探索：你想要的未来不止一种

哈佛大学心理学教授丹·吉尔伯特针对我们如何做出选择以及如何思考未来的课题做了一些非常有趣的工作。他的《撞上快乐》（*Stumbling on Happiness*）是一部了不起的著作。在书中，他用科学方法告诉读者，我们想象未来的自己需要什么是一件多么可怕的事情，此外，我们应该如何让自己快乐起来呢。

吉尔伯特探讨了我们遇到事情时如何做决定——包括我们在饭店为结婚对象订什么菜等琐事。他断言说，我们不擅长预测未来，就像我们不精于回忆过去一样。他最具挑衅性的建议就是，我们不应该依靠自己的想象力做出决定，而是要找个代理人。换句话说，针对我们想做的事情，我们应该看看过来人的经验，以判断它是否适合我们。

吉尔伯特还指出，我们之所以不那样做，是因为我们都相信自己的情况独一无二。事实上，我们并不像自己想象的那样特别，我们可以从对别人的前车之鉴中学到很多东西。

如果事实果真如此，那么，我们可以和已经体验过我们最想做的事情的人进行交谈。

我培训的大部分高管客户都在自己所在的公司中担任高级职务。那些期待转型的人们，如果可以在转型中获得大量信息，他们就是最成功的人。这并不意味着，他们四处闲逛着到处跟人说，他们从自己当前的角色出发，并实现了自己的计划或愿望。这意味着，他们对自己想要做出的改变做了大量的尽职调查和研究，并采取了行动，获取了信息。

以下是他们通常做的6件事情，但这并不表明，他们要向全世界宣布，他们正在努力做出改变：

1. 如果他们是自愿转型，请阐明当前职位的利弊。
2. 列出有影响力的关键人物，并征求他们的意见。
3. 草拟时间表，并做出研究和决策的期限。
4. 列出他们所知道的所有内外部因素。
5. 取出日历，在上面标明他们安排研究和会议的时间。
6. 确定谁在扮演他们想要的角色，以及如何进入角色。

我最成功的客户们——尽管当前的工作要求很高，家里还有一大堆事情要做——他们还是努力为这件事腾出时间，尽管这么做很难。如果你每天可以花15分钟的时间来做这件事，就会产生令人惊讶的结果。

我们可以称这个时候是"未来的我",并提前在日历中标记出来。如果你怕别人看你的日历,可以将其设置为私密日记。研究一下上文中的6件事情,看看如何推进。设定一个目标——每个星期或每个月接触一个人——对你来说,什么都是现实的。列一个清单,记下你要见的人,以便进行信息采访或建议,并不断地追踪跟进。针对你应该见谁的问题,他们有什么建议?你找过猎头吗?花15分钟研究这个清单,看看你已经完成了什么,你下一步要做什么。如果你想搬家,你是否安排了一次访问,看看那里的生活会怎样?有没有办法去体验一个地方或公司,而不需要亲自去那里?

索尼娅是我培训的一名客户,她是一家大型时尚杂志的时尚编辑。多年来,她一直在那里工作,而且声望很大,但是,这个行业正在迅速变化。发表文章的稿费收入正在减少,社会名流们喜欢在Twitter和Instagram等社交网站上吸引粉丝,这个趋势正在推动着时尚杂志的商业模式。杂志社已经进行了多轮裁员。索尼娅知道自己需要离开,但其他行业似乎也是一样糟糕。她也知道,如果她主动离开,就没有资格获得下岗补偿金。她是家里的顶梁柱,有两个孩子在上大学,所以,收拾东西走人,然后自谋生路——这种做法并不可取。

于是,她决定探索新的合作关系——她的公司参与了一场大码服装设计交流活动。她已经在内部积极参与了这个项目,并决定利用它来更多地了解大码服装行业,看看自己是否适合这个正在迅速扩大的行业。

索尼娅现在可以探索一个新的行业,并与市场领袖建立关系,而不用不辞去现在的职位。此外,她还清楚地知道,这个行业有她的用武之地。她深入了解到微胖界女性寻找漂亮衣服时所面临的挑战,并发现了自己的激情所在——她要让这项事业变得更加简单和有趣。最终,她决定让杂志的风格变得更轻松，并让自己顺利过渡到新的职务。

你能有机会去尝试你认为自己会喜欢的新角色或体验吗？你能找到一个愿意与你分享自己工作的人吗？丹·吉尔伯特表示，找个代理人——也就是给你指明道路的过来人——这是让未来的我们更加快乐的最可靠的方法。现在就寻找一个代理人吧，或者像索尼娅一样，自己做自己的代理人，也不失为明智之举。

第三章

———

灵感加汗水，通向目标的捷径

本章导读：你需要努力才能实现自己的目标，这不一定有多艰难。努力胜过技巧，但有针对性的努力结合技巧，就会胜过一切。艰难的工作会让你沮丧。完美主义会把你折磨得体无完肤。如果让你的大脑发挥最大功效，并照顾好你的方方面面，那你就会变得更有创造力和生产力。

快思考与慢思考：调整大脑状态

著名的心理治疗师玛丽埃塔·安德鲁斯·萨克斯正在若有所思地告诉一名患者，48 年来，她一直在研究心理疗法，也经历了很多世事变迁。现在，玛丽埃塔已经 70 岁了，曾经就职的机构也非常多，如：社区心理健康诊所、私人诊所和学校。她注意到，自己最大的转变就是更加了解大脑的功能，以及大脑和身体其他部分的联系。

"以前，我们忽视了身体，认为它对大脑没有影响，"玛丽埃塔说，"但经过数十年的实践，我更加意识到，大多数寻求心理治愈的人，都会遇到与他们的现存问题相关的一些创伤，而且，必须关注身体和精神的联系，这样才能治疗成功。"

我们的大脑是指导自己的肢体活动和改变无益行为的思想源泉。如果我们能够更好地了解大脑的功能，那就可以更好地改变我们不喜欢的事情。

我们做了很多有效的研究，其中大部分研究都深入浅出，还有助于我们更好地了解自己的大脑功能。

观看一下丹·吉尔伯特、马丁·塞利格曼等人的 TED 演讲吧，他们是各自领域的领导者，知道我们的工作动力是什么，以及我们工作的原因是什么。最重要的是，他们提供了一些方法来帮助我们重新调整自己的大脑思维，以便引导我们达成自己的心愿，并且警告我们提防一些无用的本能反应。

丹尼尔·卡尼曼在《思考，快与慢》（*Thinking Fast and Slow*）一

书讲述了一些有趣的道理。从本质上讲，他的论点是：有些事情，我们做得很好，因此，这些事情对我们来说比较简单，我们只要稍加关注和努力，就可以轻松搞定。对我们来说，有些事情则艰难很多，需要我们付出巨大的努力和精力。卡尼曼把人脑的两套思维系统称为"系统1"和"系统2"，分别代表"快思维"和"慢思维"，如此讲解自己的观点，让他的作品具有高度的可读性。

通过实践，我们可以将自己的一些活动从慢思维（系统2）移向快思维（系统1）。例如，当我们第一次学习驾驶汽车时，慢思维在发挥作用。我们同时还在尽力应付一切相关事宜：使用脚踏板、检查后视镜、转动方向盘等。如果我们在做这些事情的同时，还可以和某人交谈或收听广播音乐，这似乎不可思议。经过长期的练习，我们不仅可以熟练地开车，而且完全可以一边开车去上班，一边思考这个周末该做什么了。这就是快思维在起作用。

同样的道理适用于很多其他刚开始就难倒我们的任务，比如弹钢琴、电话推销等。我们做得越频繁，我们从中得到的好处就越好，我们所需的努力就越少。

卡尼曼也发出了警告：当我们过分依靠快思维，甚至不知道自己正在做决定或者根据很少信息就做出决定时，会发生什么后果。我们把生动的轶事看成了乏味的数据，做出假设却不进行检验。当我们以为自己知道的比实际上知道得更多时，那就足以绊倒我们了。

这就是为什么卡尼曼的工作对我们很重要。通常情况下，如果你正在尝试新的东西，而不是做自己熟练的事情，你会发现它很难，还需要付出更多努力。

以梅兰妮为例，她是我在全球消费品公司培训的一名客户。梅兰妮从子公司加入，目前在总部担任新职务。她是大家公认的佼佼者，还被视为内部精英。她认识总部的很多人，并且正在继承一个需要重组和转型的团队。这一变动还需要她搬离芝加哥，并放弃她在芝加哥的所有人脉。

当我们第一次交谈的时候，她说，她对于自己正在做的工作很有信心，丝毫不亚于她对以前工作的信心，而且同事们期望她能像以前那样高效工作，她自己也是一个工作狂。然而她现在做的工作比以前少，但她明显地感到疲惫不堪。

当我们把卡尼曼的思维系统应用到她的身上时，原因就明显了。她正在使用系统2——慢思维，因为她正在做的很多事情都很陌生和新颖，要花上一些时间才能达到她曾经在系统1——快思维中所使用的大脑功能的效率水平。这也就是她为什么这么疲惫的原因。慢思维比快思维更加"烧脑"。

梅兰妮意识到，她需要让自己休息一下，不要像以前一样高效和多产，而且要拒绝那些期望她马上就进入最佳状态的同仁们。

既然她明白自己的大脑状态，工作起来就更加容易了。

坚持不懈：努力是成功的另一只脚

马尔科姆·格拉德维尔在《异类：不一样的成功启示录》（*Outliers*）一书中普及了这样的观念：从音乐到软件，再到法律，各个领域的成功秘诀就是——同一件事，反复实践1万小时。然而，对我们大多数凡人来说，阅读比尔·盖茨、披头士和莫扎特的故事有一个共同点：

虽然很有趣，但没有帮助。我们大多数人都不是天生的卓越之人——如果出身优越，从小就接受没有干扰的训练，就一定会取得伟大的成就。

对于我们这些普通人而言，格拉德维尔提供了正确的成功方法，那就是强调实践的重要性。不需要训练 1 万小时，这似乎非常不现实，但是，实际上，实践是大多数领域的成功秘诀。运气和时机也有所帮助，但在这里，我们要专注于自己可以把握的事情。

本书前面提到的马丁·塞利格曼，他的学生安吉拉·达克沃思是"毅力"领域的先驱。她研究得知，坚持不懈可以获得技巧，并在特定的努力中取得成功。她的著作《坚毅：释放激情与坚持的力量》（*Grit：The Power of Passion and Perseverance*），对于那些相信命运和家庭决定人生道路的人而言，非常值得一读。

安吉拉认为，尽管挫折和障碍都不可避免，但是，毅力——坚持不懈的能力——是人生成功的真正潜在因素。她有一套毅力测试方案，你可以检测一下自己的毅力水平。我第一次接受测试的时候，分数很差，但我一定会努力提高自己的得分！

她考察了大量的数据，对运动员、音乐家、教师等人员进行了数百次的采访，得出的结论是——成功的秘诀可以用一套公式来表示：**天赋 × 努力 = 技巧；技巧 × 努力 = 成就。**

安吉拉发现，最成功的游泳运动员一直在努力训练，那些更加优秀的学生也是更加努力学习。其实，刚开始的时候，也许他们的天赋还不如同龄人呢。换句话说，预测成功的时候，努力因素比天赋异禀更加重要。

安吉拉的作品建立在卡罗尔·德韦克的作品基础之上。卡罗尔信奉"成长型思维"——相信努力和用功会带来进步，言外之意就是——

"我暂时做不到"。安吉拉将"成长型思维"和其对立面"僵固式思维"做了比较。僵固式思维的核心理念是：如果不是与生俱来，那就根本不存在，言外之意就是——"我永远也做不到"。

通过研究对比，安吉拉得出了一个积极的结论——努力因素比先天因素更重要。只要你更加努力，就一定会取得进步。

在这里，我要郑重地警告大家：努力必须集中精力。

我正在琢磨，我跑步的速度为什么不能加快。我已经坚持跑了 8 年。我的速度稳定，每跑 1 英里大概需要 10 分钟。有时需要 9 分钟。我通常一次跑 4~8 英里，但再也没有办法加速。

然后，我拿自己跟儿子比较，当他十一二岁的时候，我很容易超越他。他现在 15 岁了，在越野比赛中的成绩是每 1 英里需要 5.5 分钟。

答案不仅仅是因为他年轻力壮。他和学校队友们每个星期有 6 天要练习跑步。他们有一个不断变化的跑步计划。他们在速度和距离方面都有限制，每一个时间段都有一个明确的目标。然后，他们还要和别人赛跑，看看自己进步了多少。

同时，我在附近的公园里跑 4 英里或 8 英里的环线，每周两三次，速度和以前一样。当然，我没有进步！这和安吉拉在书中说的一样。

若想进步，需要我们集中精力，这是可以做到的事情。所以，如果你认为自己无法达到下一个专业级别或实现梦寐以求的个人梦想，请反思一下自己为实现这一目标所付出的实际努力。请问，当你无法实现自己的梦想时，指责过多少环境和他人呢？

如果说，成功主要取决于努力，那真是太好了，这样的人生看起来好多了。

完美主义：完美是进步的敌人

寻求完美可能会让你更加苍白无力，原因如下：

1. 过分关注细节，可能会因小失大。当你反复设计文件格式的时候，就无法注意到新的信息，这样会影响你要做的全面论证。

2. 你害怕失败，经常犹豫不决，生怕自己做错事。打个简单的比方吧，你不敢在会议中提出"愚蠢"的问题，或者担心自己做得不够好，因此也无法抓住自己的职业机会。

3. 完美让你疲惫不堪。完美往往出现在旁观者的眼中。为了达到完美，你总是工作，工作，再工作，直到永远。这样做通常没什么有意义的价值。充其量也只能让你不断地进步。相反，有时，你会让事情变得更糟。

4. 这对你身边的人很苛刻。如果只有你做事"尽善尽美"，那就会阻碍别人的积极性，让他们感觉自己永远都做不到完美。这种事情常常发生在家里，工作场合也没少遇见。

请用"是"、"不是"或"有时"来回答下面的问题：

1. 你对自己有很高的期望吗？

2. 你经常因为自己没能如愿做好某事而责备自己吗？

3. 正确或不正确，真的很重要吗？

4. 有些事情不能如愿，你会感到非常烦恼吗？

5. 你喜欢详细解释一些事情吗？

现在统计一下你的分数：回答"是"，得 1 分；回答"不是"，得 0 分；回答"有时"，得 0.5 分。

如果你的得分在 2.5～5.0 之间，那你可能是一个完美主义者。

如果你的得分较低，请继续阅读下去，因为你的熟人当中一定有人饱受完美主义的折磨。你要看看这种苦恼对于他们的影响，这样对你和他们都有利。

"完美"是"较好"的敌人——很多语言中都出现了这句谚语。它起源于 17 世纪，出自 1764 年伏尔泰的作品《哲学辞典》（*Philosophical Dictionary*），原文是：Le mieux est l'ennemi du bien，准确的译文是："更好"是"较好"的敌人。

温斯顿·丘吉尔也有一个相关的说法："完美是进步的敌人。"

在第二次世界大战期间，英国研制雷达的罗伯特·沃森·瓦特对这一概念进行了全面的诠释。他称之为"原教旨不完美主义"，并如此解释："先给他们用第三好的，因为第二好的总赶不上急用，而最好的根本不会出现。"

最终，这就成了我们要面对的完美问题。时机从来都不完美，我们从来没有充分的信息，事情一直都在变化。我们面临的挑战就是要坚持下去，并铤而走险，允许事情不完美。

许多夫妇纠结于什么时候要第一个孩子最合适的问题。生孩子给他们带来的变化似乎令人震惊——生活方式、收入和身体状况都会有所改变。也许你会认为，考虑要第二个孩子的时候，这种变化会翻倍吧，其实不然。第一次做一件事的时候会恐惧不安，第二次做这件事的时候就没那么害怕了。

同样的道理，你期待自己生活中的变化也是如此。如果你可以坚持下去，刚开始做一些微小的改变，一路向前，向目标迈进，那么，你会发现，你对不完美的恐惧，以及你身边不完美事物的担忧，都将会消失殆尽。

练习：哪些事情，你一直在犹豫着要不要做？原因是，你认为自己可能会做不好。也许你会躲开当众演讲的机会，也许你永远也不会自告奋勇地举手，抑或，你永远不想那么频繁地招待朋友。

列出你想避开的事情，有能力使你受益的事情，或者带给你快乐的事情。现在从列表中选一项任务，并计划在未来 7 天内完成。从小事做起。你可以把它呈现给自己的团队，可以邀请某人指导你，也可以在城镇大厅中演讲。让自己行动起来，看看会发生什么。然后，选择列表中的下一件事。当你按照列表一项一项往下做的时候，事情会越来越容易。

保持运动：最有效的减压利器

如果心理治疗从来没有真正重视过身体器官之一的大脑，那就更不会关心人体的其余部分，以及身体健康和心灵愉悦的重要性了。

更多的研究表明，运动对我们的精神状态、情绪、大脑功能和抵御疾病的能力方面有着极大的好处。现在，据说，如果运动是一种药丸，那么，它比阿司匹林的使用更广泛。

2015 年 4 月，医学院发布了一份报告，指出运动的好处就像"特效药"，大量纵向研究的整合分析也显示了运动的长期效益。

在古代世界里，罗马诗人尤维纳利斯创造了这样一句格言——Mens sana in corpore sano，意思就是："健全的心灵寓于健全的身体。"罗马人相信，良好生活的基础包括身体健康和精神健康。

我们大多数人可能会认可运动的好处，但我们发现，现实生活中很难腾出时间去运动。我们的生活已经很忙了，还要增加一项"应该做的事"，似乎不切实际。我们通常很理智，还下定决心好好健身——每年的 1 月，健身俱乐部的人数剧增。可到了 3 月，就没什么新人来了，也就那么几个常客还在健身。

如果你真的想要获得运动的好处，那就必须把它融入你的生活，使它成为一种习惯，而不是你不得已考虑的事情。如果你每次都在纠结是去户外跑步还是去健身房运动，那么，体育锻炼尚未成为你的习惯，你只是凭着意志力在坚持运动。众所周知，意志力没有人们想象的那么强大。

养成每天都运动的习惯，可以为你提供成功的最佳机会。让你的期望值低一点，也会有所帮助。例如，不要马上就报名参加铁人三项；只要确保你养成一种习惯——每个星期运动三次，或者星期二和星期四的同一时间去健身房。如果你的朋友也对运动感兴趣，你可以把他们拉拢过来。这样有利于你坚守承诺，提高运动的机会。

我的朋友卡洛琳每天早上都要和几个邻居一起快跑 1 小时。她说，如果没有队友的话，她永远也不会考虑在冬天早早起床去晨跑。但事实上，她已经有此计划，邻居们希望她不要寻找取消晨跑的借口。他们一边跑步，一边聊天，时间过得非常快。

我的另一个朋友马克非常讨厌健身房，但他喜欢食物和美酒。他知道，如果他不锻炼身体，却照此速度暴食暴饮下去，那么，他的身体会垮掉。他请了私人教练督促他晨跑，并成功摆脱了窘境。如今，他又可以做自己真正喜欢的事情了。

在户外运动，在大自然中散步，还有其他的好处。北欧人称它为friluftsliv，字面上翻译为"露天生活"，这意味着享受门外的生活，花时间与大自然亲密接触。

在树林或乡村散步，胜过了在跑步机上散步（室内跑步机根本敌不过野外散步，所以我不会讲太多跑步机的话题）。走出家门，去户外锻炼，不但可以让你释放内啡肽，还可以让你恢复大脑的思维力量。

夏天运动更容易，但冬天运动特别重要，在户外稍加锻炼，就可以让我们远离冬季忧郁症的困扰。

运动的最重要的一个方面就是，它应该是我们日常生活的一部分，而且充满活力。闲逛不算。因为闲逛的时候，你不会感到内啡肽引发的快乐感觉。

内啡肽是运动时释放的化学物质。它们与大脑中的受体相互作用，可以减少你的疼痛感受。同时，它们让你的身体感受到类似于吗啡的积极感觉。它们还可以创造一种兴奋感，有时被称为"跑步者的亢奋情绪"——这种愉悦感也会影响你对生活的看法。

简而言之，运动让你的心灵与身体一样受益。它会减轻你的压力和焦虑，可以提高你的自尊心，避免抑郁症。它可以让你睡得更好，让你一天比一天快乐，最终收获更加美好的人生。请认真对待运动的重要性，如此，你才会得到回报。

领导档案：拉尔斯·特内尔

拉尔斯·特内尔是本书第九章中讨论的创建"组合式人生"的理想榜样。他退休之前是国际金融公司（简称IFC，世界银行集团的私营部门机构）的首席执行官。他让IFC每年的投资额增至三倍，达到200亿美元，对世界最贫穷国家的企业的投资额也翻了一番。在此之前，他曾任北欧斯安银行（简称SEB，瑞典的顶级银行）的首席执行官。后来，他举荐安妮卡·法尔根格伦担任继承人，安妮卡原本是个局外人，却成了SEB的首席女执行官，至今依然在掌权。

他的事业为何如此成功呢？他的回答是：

"这是一个难以回答的问题，因为这是关于我自己的问题。我有幸获得良好的教育，拥有一个了不起的妻子——伊芳——她是我的人生伴侣，也是我的合作伙伴。我们一起组建了一个伟大的团队。我在工作上非常努力。此外，在正确的时间，在正确的地方，做了正确的事情，从这个意义上来讲，我是一个幸运儿。幸运自然是好事。危机也未必是坏事。"

危机和幸运的益处可以相提并论吗？

"我遭遇过很多危机。危机并不总是坏事。它们可以创造机会。如果机会就在眼前，请你抓住它，不要害怕，这样你会做好很多事。"

20世纪90年代，在瑞典银行业危机期间，拉尔斯率先利用了瑞典资产管理公司——这是一个持有不良资产的"坏账银行"——但它最终为这个国家赚钱了。2008年，他在IFC掌舵期间，爆发了全球金融危机，他却收获了良好的经验。

"如果你能清楚地思考，并尝试用建设性的方案来定义你走出危机的途径，那么，你就会邂逅机会。机会总是在危机之后来临。从此，世界便改变了模样。一切危机都会引起变化，哪怕是和朋友或伴侣产生危机，也是一个向前迈进的机会。在人际关系中，要么一直倒霉地走下坡路，要么有幸更上一层楼。"丰富的人生源自于各种元素——工作、家庭、爱好、朋友等。拉尔斯认为，你必须找到这些元素的重叠点，因为你不可能面面俱到。

　　"我认为，你不可能事事兼顾：光明的职业生涯、美好的家庭生活、经常出去交朋友、做极限运动等。你必须弄清楚它们的重叠点在哪里。如果你对滑雪或帆船有兴趣，可以和家人一起做。这样就找到重叠点了。我和伊芳有很多共同的兴趣，所以，当我们发挥业余爱好和进行体育运动时，总是可以在一起。"

　　"你需要把生活中的一切事情按优先顺序排好。总有一些乱七八糟的事情需要你去做，所以，你不能自乱阵脚。在办公室里，你必须学会如何让优秀的人才进入你的团队，并对他们委以重任，此外，你一定要相信他们。这就要回头来讲一讲你的个性问题了；有些人觉得，信任某个人，不是一件容易的事。你必须相信自己的员工。他们做事很专业，就像是管弦乐团的成员或航海的船员一样。如果你是导演，你的演奏水平绝不会赶上小提琴手。所以，不要企图取代小提琴手的位置。"

　　在组合型职业生涯中，在后企业时代的生活中，拉尔斯担任了多家公司的董事会成员，以及 ARC 保险有限公司和爱克思国际医疗公司的董事会主席。他还为电力、能源效率和可持续发展领域的小型企业和创业者们做了大量工作。

"退休时，有人给我提出了很多好建议——你没必要承担太多事情。你的人生将会很充实。如果你成功了，你没必要得到外界的认可，所以，你可以选择做一些有趣的事情。"

"我有三个简单的专业做事标准。有趣吗？有益吗？有报酬吗？因为人们更重视自己付出的代价。所以，当我从这个角度来看待问题时，即便它可以提高我的威望，或者支付我很高的薪水，但如果我觉得没有兴趣，那我也不会去做。"他满面笑容地侃侃而谈。

冥想：整合你的身心

如果我们认为，心灵是一个需要照料的身体器官，那么，最有效的方法之一就是通过冥想来滋养心灵。冥想或正念，本质上是培养心灵意识的艺术。这是一种技能，允许我们的思想神游，稍稍分散注意力。如果我们能够观察到情绪并识别出来，那就已经做到冥想的第一步了。只有当我们退一步去观察自己情绪的时候，才有可能参透自己的真实感受。

参透自己真实感受的简单步骤，在我们的心中创造了一些空间，减少了情绪的强烈度。如果我们不是被世俗情绪所包围，而是在静心观察它，并保持一定的距离，那就会改变我们与情感的关系。

可是，说起来容易做起来难。当我们被真正强烈的情绪激怒而躁动不安的时候，那该怎么办呢？若要退一步去想一想，那是相当困难的事情。"哎呀，又来这一套，气死我啦，那个人超我的车，我已经迟到了。"

这就是训练心灵的方法。冥想或正念只是一种技能，可以训练心灵，洞察正在发生的事情。关注自己情绪的上下浮动，并把它们描述下来，这样非常有助于你内心的稳定。这种稳定心态又反过来帮你恢复平静的感觉，并使我们有信心去容忍变幻莫测的外部世界和我们自己的内心情绪。

我们很快就发现，人类的情绪有点像爱尔兰的天气，说变就变。如果你现在不喜欢正在发生的事情，那么，你的心情立马就会发生变化。

冥想可以帮助我们弄清楚好坏感觉的来去方向。但是，我们想要紧紧抓住某种感觉，或者赶走某种感觉，都无济于事。请关注某些感觉的变迁，让自己充满信心，无论我们想不想要，那些感觉都真实存在啊。

我们正在深入理解大脑功能，所以，针对冥想的好处的研究工作也在日益递增。

几年前，我在世界银行教授高潜力人员课程时邂逅了斯利尼瓦桑·皮莱，他曾经在哈佛医学院进行过一项有趣的研究，研究课题是大脑的活动和冥想的影响。作为一位医师，他将科学研究与人类潜力研究结合起来，从神经科学的角度展现了冥想的好处。

过去，研究冥想的好处通常集中在小团体范围之内，比如，佛教僧团的生活区。他们的压力水平低于我们平常人，这几乎不足以证明冥想的好处。对于寻求更平静生活的人来说，这也不是一个有用的解决方案。逃离都市，隐居西藏，或每天花几个小时冥想，对于我们大多数人来说，这并不现实。

后来，大规模的纵向研究变得更加普遍，比如，最近，《生物精神病学》（*Journal of Biological Psychiatry*）杂志上刊登了卡内基梅隆大学健康和人类表现实验室进行的研究成果。

这些研究表明，冥想的好处包括降低压力，降低各种疾病风险和提高睡眠质量。参与者的脑部扫描显示了那些接受冥想训练的人们的不同之处。他们的大脑各部分之间进行着更多的活动或沟通，处理着压力相关的反应和其他与专注和冷静有关的领域。4 个月后，较之那些思想松弛的人，他们的血液中不健康的炎症标志物明显低了很多——尽管坚持冥想的人少之又少。

我在马萨诸塞州伯克希尔山脉的克里帕鲁瑜伽疗养所休息了几天，在此期间，我参加了一个冥想班。有人问：最好的冥想是什么？我的答案就是"你正在练习的瑜伽，就是最好的冥想"。

揭开冥想好处的秘诀就是每天都定时做瑜伽。选择哪个心灵导师、应用程序或正念学校，真的不重要。重要的是，你要养成冥想的习惯，你正在建立一种稳定的心态，而且可以随时随地加以训练。

我个人最喜欢的心灵导师是顶部空间的创始人安迪·布迪奇姆。他有一个网站，一个智能手机的应用程序，以及一系列有针对性和无指导性的冥想计划可供选择。还有一些很棒的漫画帮你缓解压力。而且他并不试图卖给你任何东西。没有商品可买。他只是想帮助你训练自己的心灵，让你在生活中获得更大的平静和满足感。

只要坚持冥想与运动相结合，你就会获得身体和心灵的双重健康，并且准备好去享受对自己最重要的事情。

第四章

成功的关键要素

本章导读：自我投资，建立自我支持的体系，就是成功改变人生的关键。当你的行为出现异常时，你可能是高估了自己的意志力。永无止境的自我惩罚，也同样无效。你需要养成一些习惯，以帮助你抵达自己的目的地，并立即进行自我投资，以完善自己的表现。这一点，在家里往往比在工作中更为重要。

习惯力：21 天打造好习惯

美国前总统贝拉克·奥巴马说过："你们会看到我只穿灰色或蓝色的西装。我正在努力减少决策。关于我要吃什么或我要穿什么等琐事，我不想花时间去做决定。因为有太多其他的事情需要我去做决定。"

当时，奥巴马刚刚上任美国总统，正在和作家迈克尔·刘易斯对话，因为后者要在《名利场》杂志上发表一篇文章。奥巴马已经认识到了每天都高效工作的关键因素——那就是减少决策。

减少决策的核心就是把一件事变成例行公事。比如，从六套几乎相同的西服中挑选出一套穿上，然后，自然而然地开始当天更重要的任务。

事实已经证明，例行公事就是创造新习惯和新行为的强大力量之一。现在，有关研究表明，例行公事就是许多成功的行为改变计划背后的秘密武器，比如匿名戒酒会和减肥中心。

为什么说，例行公事的影响力如此强大呢？简单地说，因为大家通常会高估自己的意志力。在我们没有能力思考长期计划的时候，意志力需要更多的精力、思想、决策和成本效益计算。

例如，晚上在家休息时，你面临一个选择——窝在沙发里玩平板电脑，还是更衣后回到健身房，我可以打赌，沙发对你的诱惑力更大。但是，如果你的计划里有健身房这一项，那么，无论是工作后、午餐时，还是一天结束的时候，你都会更倾向于选择去那里。

我们都是例行公事的人，我们做出自己想要看到的习惯性行为，我们做得越习惯，就会越喜欢。

大华盛顿社区基金会的首席执行官布鲁斯·麦纳姆说："我知道，当我 20 多岁的时候，并不想去做 50 多岁的老人做的运动，因为实在太困难了。但我看到老年同事们因为健康问题而被迫接受新的锻炼方案，并努力达到最佳健身效果。所以，我早就决定，将跑步列入我的日常生活。现在我每天早上跑 4 英里左右——无论愿不愿意。每当我旅行时，都会在包里放一双鞋子和一条短裤。我甚至不再去想这件事。它只是我生命的一部分，就像刷牙一样。"

我们不仅可以把运动变成例行公事。我们做的或想做的一切都需要重复，以便得到改进或简化，然后变成一种习惯。

我认识一位资深的澳大利亚外交官，每当吃饭点菜时，她都会点鱼或海鲜。她只是用眼睛瞟一下鱼类或贝类菜单，就可以挑选出最健康的海鲜。几乎每个菜单中都有鱼类。她很少在家里做鱼吃，因为她经常在外面吃饭，但她可以确保自己每天都摄入适量的低脂蛋白，以平衡她在家做饭时的红肉热量。她根本不会查看菜单的其余菜类，因为饮食习惯已经养成，而且根深蒂固。

引进新习惯的诀窍在于尽可能地简化这件事，并成功做好它，然后坚持三个星期。有关研究表明，连续做 21 天的事情可以变成一种习惯。我们知道，习惯很难打破。

领导档案：布鲁斯·麦纳姆

布鲁斯·麦纳姆是大华盛顿社区基金会的首席执行官，大华盛顿社区基金会是一个公共慈善机构，是大华盛顿特区慈善事业的枢纽。大多数城市都有社区基金会。他们通过接受捐赠和赠款以及与企业、捐助者、地方政府和非营利组织合作而改善自己服务的社区。布鲁斯曾经担任"科技服务"的首席执行官，这是一家全球非营利组织，旨在帮助发展中国家的农民和合作社增加农产品的价值，并进入新市场。

布鲁斯是个十分坦诚的人，他正在谈论自己的美好生活，他出生于蒙大拿州比林斯市，是五个兄弟姐妹中的老大。

"我一直很幸福。生命中的许多成功只是因为我们的家庭出身、父母家教和所在城市。我们的起点太高了。我们的父母非常致力于家庭生活。他们向我们灌输了延迟享乐、公共服务、努力工作和宗教信仰的价值等观念。我们一家人一起读书。我们欢欣鼓舞，并期望做得很好。"布鲁斯回忆说。

"所以，我培养了一种能力——努力工作和集中注意力。我有一定的野心。这些野心帮了我大忙。让我一直幸运下去。我上了第一流的大学——哈佛大学。然后，我又进了第一流的工作单位。"他庆幸地说道。

布鲁斯就职于斯坦福大学法学院和商学院。接着，他担任了白宫研究员，后来在麦肯锡公司工作，再后来，他就职于摩根大通集团。

"我一直在进步。从一个很棒的学校转到一个很棒的公司，等等，真是好事连连。既然招聘主管雇用你而淘汰其他人，必定知道你的过人之处。如此下去，一旦你成为一个地方的首席执行官，也就可以成为另一个地方的首席执行官。"他很坦率，已经注意到了起点不同而造成的不公平现象。他也意识到，面对机遇的时候需要做出哪些努力。

"我一直都是一个做事狂热的人——无论做什么，我都会投入全部的热情。此外，我遵守纪律，具有好奇心，喜欢奇思妙想，还敢于冒险和尝试新事物。我的目标是拥有一个充实和富足的美好人生。我一直渴望领导角色，这需要自身的努力——从高中到大学，再到工作单位。"

但是，我的成功轨迹并不是完全呈直线上升趋势。

"我在三家失败的创业公司工作过。感觉很糟糕。真可怕，我担心自己会不会没有出头之日了。我郁闷了一段时间。"他坦白道。

关于成功经营各种公司的最佳秘诀是什么，他的回答如下：

"商学院并没有为你准备管理课程。你需要知道的是如何安排良好的流程，如何与员工对话，如何管理预算，如何举行高效会议。诸如此类的事情，这些都需要你在工作中学习和领悟。"

他相信，工作中还需要其他的重要技巧，比如，认识到流程和有效管理的价值，早点关注组织中的风险，意识到优秀员工的重要性。

他解释道："我喜欢和尊重与我共事的人。我不想和混蛋一起工作。我不在乎他们多么有才华。我已经看到其危害性了。除了这些考虑之外，'缓慢招聘，快速解雇'——这句古老的格言对我来说很有意义。"

布鲁斯认为，可以有意识地创造一种企业文化，同时期望高度的能力和责任心，但也要善良和尊重。

"善良真的很重要。我们在工作上花了很多时间。这一点很重要。我想要一种企业文化，人们既要有责任心和能力，又要善良和尊重他人。"他说道。

在个人生产力方面，布鲁斯相信，进行待办事项列表和在日历上标注待办事项，都很重要。但最重要的是——纪律！纪律！纪律！

"我身兼数职，可谓世界上最忙碌的人。我设定了一个时间表，对自己说，我有20分钟的时间做这个，或在45分钟之内，我只会专注于这一件事。然后，我会给自己3分钟的时间，用来查看自己的电子邮件，然后，再执行下一个任务。"他解释道。

"我相信，在日历上标注待办事项的效率很高，每年都是如此。你需要围绕着这些标记去统筹规划。每个星期我都会退一步去思考，花15分钟观看这张大图。迟早要发生的大事是什么？我一直在拖延的琐碎小事是什么？推动公司发展的动力是什么？我需要考虑董事会的哪些事宜？我一一记录在案，然后再回过头一件一件完成。"他补充道。

布鲁斯是个单身汉，也没有孩子，他意识到了单身生活的优势。

"我努力工作，但不拼命工作。我不必像有家庭的人那样做出取舍。这是非常真实的情况。我有很多机会与朋友聚会放松，社交生活十分丰富，还有时间定期锻炼身体，这对我来说非常重要，我早就明白了。"

"我想，我一直都知道忽视生活的害处。我会常常退一步去思考，关注自己的生活方式，明确自己的使命、愿景和价值观。所以，当我75岁的时候，我可以回头看看，并为自己所做的一切而感到骄傲。然后问自己，今年的年底之前，我在做什么呢？"

"我知道自己要选择更丰富的生活，比如，选择参加美国和平部队，推迟上研究生院的时间。也许我的同龄人不会轻易做出这样的选择。但我认为，这是一个很棒的经历，事实就是这样的。"

"通常情况下，我是一个快乐的人，就在生命的这一刻，我也意识到了这一点。这让我充分释放自己的压力。我很感激自己目前拥有的生活。我有自由和机会塑造它——因为我的家庭出身和所在城市。我非常幸运。"他总结道。

时间管理：平衡工作与生活

我曾经与一家大型金融机构的专业女性网站合作，当时讨论的话题是职业管理和组织内更快进展的途径。这时，有一位名叫洛雷娜的女士举手提问。她30岁出头，担任拉丁美洲基础设施融资机构的中级经理。她想知道，她的生活何时会变得轻松一些。洛雷娜有两个小孩和一个也是全职工作的丈夫，而她自己的工作则需要经常出差。

"我感觉自己停滞不前，虽然我在努力工作，但几乎无法挽救任何不如意之事。永远会这样吗？"她问。

室内的许多其他女性都点了点头。这是一个共同的主题，而不仅仅是女性关注的话题。

休是国际银行的高级财务专家。他曾经住在挪威，但他妻子在美国国内生活。他已经习惯了这样的观念——他们在家里也是合作伙伴，他会像她一样，抽出尽可能多的时间去陪伴孩子们。他发现，如果没有国家资助的幼儿园，在美国的生活会更困难，并且工作日的下班时间是下午7点左右，而不像在挪威，下午5点就下班了。

这是一个涉及方方面面的复杂问题，因此没有一个简单的答案，比如，没有育儿假，上不起托儿所。这些问题都需要政府来解决，所以，请确保你们要选举的政府代表明白你们的难处和苦处，然后再进行相应的投票。顺便说一声，我们没有办法举家搬迁到挪威。

请看下面的图表，值得你铭刻在心：

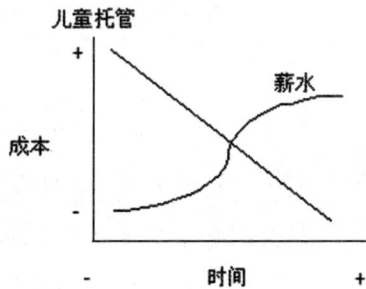

我们要意识到关键所在——如果你有孩子，当你的收入没有达到顶峰时，相关的成本往往会更早地产生。接着，随着你在职业生涯中的进步，你将会获得更多的收入，而与孩子有关的成本将会逐步达到平衡。

想一想：如果你有一两个学龄前儿童，那么，除了学前教育学费，你可能还需要支付保姆费。学前班的授课时间太短了，你上班的时候，需要有人在家照顾小孩子们。如果他们接受全天候的照顾，你每个月支付两个孩子的托管费可能会高达2000美元。

但是，当孩子们正式上学的时候，你的成本会开始下降。你不再需要全职保姆，也不再支付学前教育费。你可能还需要一个保姆，但只需要在下午照看孩子几个小时，或者孩子们可以参加免费的课外辅导。同时，你的工作在进步，你的薪水也会增加。

我们要考虑的是，如何投资你的专业水平和心理健康，这将会增加你的长期赚钱能力。随着时间的推移和收入的增加，你会考虑更远的未来，并节约更多的钱，为孩子上大学做准备——这是家庭经济中的下一个困难时期。

这意味着尽可能多的外包工作，在家为孩子提供良好的照顾和帮助。短期回报就是，你不再那么紧张和苦恼了，在家里更轻松愉快，在工作上更有成效，久而久之，你会获得更高的职位和新的工作，而且薪酬更高。

列出你目前所做的一些家务事——其他人也可以做好的杂事。每个人的家务事都各有不同，但是，下面几项是必做之事：打扫房子、洗衣服、遛狗、早点接孩子，避免困在交通高峰期。你自己会偶尔送洗衣服。现在有很多应用软件，可以让洗衣服务商提供"自由落客服务"。尝试一下"蓝围裙"的餐饮服务吧——把食谱和食材送到家，减少晚餐时间，避免紧急购物。在线订购杂货，商家会及时配送。或者，给你的保姆多一点额外的报酬，让她在你回家之前准备好晚餐。

这跟投资人际关系是一码事。比如，参加定期聚餐晚宴，在一周的忙碌之后，成年人好不容易有点时间呼吸一下清新空气，并好好地团聚一下，这是大家都需要的重聚时光。与朋友一起出去吃晚餐和看电影或打游戏，也是一样。这是一项长期投资，也可能让你斩获良多，并且长期受益，甚至让你免于离婚官司的困扰。

你要专注于自己想做的事情，比如，给孩子洗澡或讲故事。还要尽量减少任何人都可以做的事情。这是一种投资，让现在的你充满快乐，让将来的你做出明智的举措。

这些小提示不仅仅适用于幼儿家长。对于工作之外的事情，比如，你不喜欢的家务活，请想一想，你是否可以让别人去做，自己独自享受自由的时间。比如，星期六早上请人打扫公寓，自己去参加健美课、拜访朋友或参观博物馆。然后，再回到干净的公寓里。

这样做的好处显而易见：如果你在家里给自己一个喘息的机会，那么，你会更好地专注于工作，你的收入可能会增加。从长远来看，在你自己的承受范围之内去了解一些事情，会让漫长而艰难的工作变得更容易。

练习：列出你在家里或室外做的所有工作。这个列表可能会很长很长。不要绝望！快速整理表格，了解你的时间和精力都去哪儿了。

下面有4个问题，请回答其右侧括号里的问题：

1. 我喜欢（是或不是）

2. 超过30分钟（如果是这样的话，需要多长时间）

3. 可以由别人完成（是或不是）

4. 花钱请别人去做（大概需要花多少钱）

现在作出判断，达成一些易于实现的目标。如果任务列表中有你不喜欢的事情，那么，这段时间可能会被别人占据（例如，洗车或给大草坪割草）。考虑一下请人来做吧。但是，如果你喜欢某个任务，那么，你就可以与家人一起完成（比如，给小孩子画画，背景是花园水管与肥皂车），然后，顺其自然，并寻找其他机会。

自我投资：低投入，高产出

马歇尔·戈德史密斯是世界上最著名的执行教练之一。当其他教练表示客户们要求他们保密时，马歇尔总是惊讶不已。

2016 年 3 月，在拉斯维加斯的一次会议上，马歇尔告诉一群教练和顾问："我根本不明白。我所有的客户都很喜欢说出我培训过他们的事情。这是荣誉的徽章。这意味着他们很聪明，愿意为自己投资。"

高管们公开谈论自己拥有职业导师是一件越来越普遍的事情。许多人认为，这是自我提升和开放学习的表现。承认自己并不是全知全能，这是一件很酷的事情。

对于高层以下的管理者来说，拥有一名职业导师，可以说明公司相信你的潜力和价值。为什么公司还会为你花钱请职业导师呢？如果他们在你身上花钱，显然是因为你的表现好。

表现差的人往往没有机会接受培训。公司可能会建议他们制定一个计划，以便改进自己的表现。有些大型公司愿意帮助那些没有资格接受培训服务的员工，但是，通常是帮你起草简历并准备面试。

如果你的公司有专业导师，请充分利用。即便是普通的导师，也是有帮助的。当你阐明自己的生活和事业的目标时，你会惊讶于即将发生的事情。你也可以针对那些打搅你工作的事宜进行反思，并从中获益。

我曾经培训过这样一位客户——她不能理解自己为什么对工作中发生的事情感到如此不安。她常常失眠，因为公司的要求总是与自己的意愿背道而驰，比如，此时此刻，公司告知她要减少与新员工的联系，而这些新人渴望彼此联系，并寻找属于自己的小团队。

经过简单的培训实践，我找到了她的核心价值观，显然，她的价值观与她所在的团队并不匹配。她非常重视社交和家庭，公司却要求她高效办事；因此，她发现自己非常不喜欢参加会议。于是，她重新考虑了自己在公司的整个职业历程，并坚信自己真的想成为一个独立的顾问，拥有长期的保持人际交往和为他人服务的自由。

投资自己的一种方法是充分利用培训机会，另一种方法是参加一个有潜力的项目。在较大的公司中，这些是通常涉及方案提名的正式流程。请了解公司的工作流程。你的老板可能不知道，但人力资源应该明白。你要找出工作需求和时间框架，并让自己脱颖而出。

如果你的公司没有高潜力的项目，请想一想，是否有正式的指导计划，如果没有，建议你启动一项计划。公司没有理由阻止你创建一项指导计划。你只需要一位资深人士的支持，就可以开始工作了。创建计划的优点在于，你将会因为积极主动而受到好评，你还可以与同伴们多联络，久而久之，你会成为导师级人物。

如果你失败了，请找一位导师，要求他们每月举行一次 30～60 分钟的会议。你会感到惊讶，资深人士为什么愿意这样做。首先，这是一件令人愉悦的事。其次，导师们总是从公司其他层面上获得智慧和洞察力，这对他们的同行互动很有价值。

无论你最终做什么事，请先完善这件事，然后再充分利用这件事。

案例研究：马森就职于中东一家全球金融服务公司。他被列入高潜力群体的一员，每年参加两次聚会，并接受领导力培训，包括如何在组织中更有影响力和更有效率。马森的老板对他非常满意，并希望帮助他在职业生涯中取得进步。不过，老板也有所保留——马森在区域小组会议或公司项目方面的贡献并不大。因为他没有发言，也没有发挥主导作用。马森说，原因是他太忙了，只是专注于实现自己的计划。

虽然他正在执行高潜力的计划，但这种模式一直在反复。马森常常不在办公室，总是回家去打电话和回复企业电子邮件，因此，他错过了项目，以及与同事和项目赞助商交流的机会。在同样的情况下，谁会错过机会呢？可以说，马森和他的老板都在错失良机。马森没有进步，也不可能接到更大的任务，而他的老板也无法挖掘马森的巨大潜力。

财务管理：让资产翻倍的秘诀

假设未来的收入更高，现在花钱让自己的生活更轻松，这似乎也不是明智之举。其他人可能会建议你"投资"约会之夜或家庭清洁服务。但是他们不会考虑你银行余额的下降，甚至还会为你的花费"辩护"——虽然你牺牲了暂时的财富，但你能获得长远的幸福。

我喜欢充分思考，也相信深谋远虑的作用。如果你对财务状况有了很好的了解，那么，思考起来就容易多了。首先，了解一下你目前的财务状况吧。

看看你把钱花在哪里了。取一支笔和一本小笔记本，记录一下钱的用途，或者使用一款应用程序帮你跟踪记录。这样坚持一两个月，然后再回头看看那些数据。请把你的固定成本（抵押或租金）和你的准固定成本（公用事业或保险）分开来记账。现在，看看你能否减少任何一项开支。现在是不是按揭贷款的好时机？你可以通过节能来降低任何公用事业费用吗？请把你的实用程序设置为自动支付，注册"分期付款"以平衡收支，并允许自己每月支付相同的金额给按季度波动的公用事业单位。

检查你的保险单是否是你真正需要的。如果你有一辆旧车，你或许可以考虑减少汽车保险的金额。同时你也得确认当发生事故时你愿意承担这些损失。

制定一份清算信用卡债务的计划。你可能希望将其整合或者取得较低利息的房屋贷款，以便更快地清算债务。

然后，看一看你的消费习惯。你可以减少杂物开销和外卖习惯吗？试着制订一份预算，并坚持下去。能不外出聚会就尽量不要外出聚会。你的朋友很高兴在你家欢聚一堂——无论你是准备简单的烤鸡还是昂贵的羊排。当你们不得不外出聚会时，建议不要选择太贵的地方。

你喜欢花钱买衣服、去星巴克消费，还是在公司自助餐厅吃点糟糕的食物？一旦你了解自己的钱用到了哪里，就可以看到自己可以在哪里做出改变，并决定什么对自己真正重要。如果你真的很喜欢高端健身，也许你可以选择一个折中方案——在食物上少花点钱。比如早上带午餐去上班，节省午餐费用。

你需要学习诸如保险、退休、保健和储蓄等方面的基础知识。你需要建立一个应急基金，用来支付大量的意外费用。请把所有这些开支设置为自动扣除，不让自己亲眼看见这些消费。余下的存款，你就可以自由支配了。这就是所谓的"首先支付常规费用"，然后，再应付其他的事情，比如，你最喜欢的外卖餐厅。

一旦你觉得自己可以从某种程度上控制自己的财务状况，你的生活就会更加富足。这不一定意味着你可以挥霍无度，但一定意味着你清楚什么对自己很重要，并意识到自己的钱花在哪里了。

如果你想花时间和家人一起旅行，那就要确保假期足够长。如果不是，请采取短途旅行，你还要明白，并不是每个人都要去旅行。短期旅行往往更好。在一流客栈度周末的感觉胜过在二流酒店住一个星期。

你可以想办法去寻找乐趣而不必花费很多钱，但是，你的时间就是投资，可以让你收获健康，请抽时间和朋友一起散步。不要总是上饭店，在家做饭，邀请朋友来做客，这样会更好。你还可以请他们带上酒。其中的乐趣在于共同度过的时间，而不是账单。

暑假期间，你可以举办一次换房旅行。这也是酒店业不想让你打听清楚的最大谜团之一。请忘记美国短租平台——"爱彼迎"吧。我说的是大家互相交换房屋，这里不存在现金的易手。别担心有人会在你的家里做什么。问问你自己，你会在他们的家里做什么。就像你不会和家人一起旅行到科罗拉多州去偷人家东西一样，他们也不会那样做。现在就加入换房旅行的行列，并开始启程吧。

富足是一种快乐的经验和心态。有时候，它是一种挥霍，比如，住进一流的酒店，想吃什么就点什么。但是，更有意义的事情是——你和谁在一起谈笑风生，共度良辰。否则，怎么会有人去露营呢？

专注力：铭记每一个小进步

当你计划自己的生活和思考自己的职业，并把它们视为整个人生拼图中的一角时，你的目光会更加长远。在本书的前面，我们做了一些长远的规划，看看你想要的未来在哪里，你想要的生活是什么样子。创造新习惯的挑战在于，它们可以支持未来的我们，并且严厉对待现在的我们。我们发现自己很难改变，所以不愿意改变。

理性地说，我们知道，我们应该着手去做我们认为对自己想要的生活来说很重要的事情。但是，我们非常情绪化，即便当下的情况不尽如人意，我们也不喜欢变化。我们喜欢熟悉的东西及其本身的价值。

你可以争取尽可能多的支持和奖励，以便更加轻松地改变一生的习惯。请保持较低的个人期望值，看看你是否可以跃过这么低的门槛。

下面是你面对变化时让自己步入正轨的 6 种方法：

1. 找一张白纸，写上你正在努力的事情，然后把纸粘在桌子上或冰箱上。

2. 在日历上标注你希望实现的任务——不仅仅是你的待办事项列表。如果你必须有所改动，请重新安排这些任务。

3. 请为你即将着手去做的工作设立各种大小奖励。如果你提前完成任务，请休息一下。不要插入其他的任务。

4. 不要一次培养太多的新习惯。等到一个习惯顺利成型，再开始培养另一个习惯。坚持一个习惯，通常需要 21 天的时间。

5. 找到一个完全支持你的人，告诉他或她，你在做什么，你不做什么。你想要得到鼓励，而不是解决问题。你可以需要告诉他们实情。

6. 你要坚持签到，这样就可以随时预测你距离目标还有多远。你可以在日历上签到，或者在笔记本或文件上做标记。然后，花一个小时来反思自己的进展情况。

坚持关注长期目标，这一点也至关重要。每天的小努力，可以助你达成大愿望。小小的努力可以成为一种习惯，久而久之，较少的努力也可以让你取得辉煌的成就。

若想到达目的地，需要的不是希望或渴望的心情，而是实实在在的努力。

——雅诗·兰黛

保持专注，但也记得让自己休息一下。没有必要为你没有做的事情而自责。记下你完成了的事情。我有一个朋友，她是一个非常成功的销售专家，喜欢写日记来记录每天完成的工作。这样，她感觉好多了，不再因为纠结于自己没有做的事情而倍感沮丧。

如果你为自己设定了每天 3 个任务，而且顺利完成了，或者，有一个良好的开端，那么，今天就是一个成功的日子。你的任务清单上总会有更多的任务等着你去执行。

以下是我曾经给过的一些好建议：写下你今天要做的一切事情。问问自己，哪些事项会助你进步？哪些事项最具时效性？先选一个，再选一个。完成三个之后，给自己一个奖励。

从长远来看，你正在打基础，并寻求支持。每一天都朝着目标迈进。

第五章

———

自信，让你全面绽放

本章导读：总是与别人攀比，可能会对你自己不利，甚至破坏你的一切努力。不要忘记，你只看到了别人的风光时刻，相比之下，你觉得自己的生活纪录片"惨不忍睹"。自信是改善你日常压力的秘密武器。本章将会探讨如何有目的地扩展自己的视野。

无需自卑：别人的风光可能只是假象

最近，露茜娅在一家投资公司留下了一个高级职位。公司正在合并中，已经进行了一次裁员，接下来是让大家自愿离职。她接受了下岗补偿金，因为她认为是时候改变了，而且她觉得合并计划尤其令人担忧。每个人都不得不重新申请一个新的职位——即便是他们目前的职位，也要重新申请。很明显，现在的职位比以前少。

说得委婉些——管理层一直缺乏沟通。相反，茶水间内部的沟通却达到了高潮，很快，每个人都生活在一个谣言和辟谣的世界里。同事们总是避而不谈他们是否入围和接到面试通知的事情。有些人收到了面试通知，但很多人没有收到通知，他们认为自己可能要失业了，没有人知道该信任谁，谁值得自己信任。露茜娅发现，这是非常令人沮丧和伤心的事情。所以，她决定离职，并寻找另一家公司和新的职位。最初，下岗补偿金帮助她缓解了失业的焦虑。

几个星期后，求职进展缓慢，她很快就发现自己变得焦虑起来。她请了一位职业导师，并理性地认识到，以她目前的水平，寻找一份合适的职位，需要几个月的时间。她也知道，她现在做的一切都是对的：接触联络人、拨打电话、与人见面、在行业会议上与人交流，并告诉自己认识的每一个人，她正在寻找一个新的机会。那么，在找工作的过程中，为什么她很不耐烦，而且焦虑万分呢？

她的大部分焦虑来自于她与前同事们的谈话，他们已经离职，并正在寻找工作。他们的求职线索似乎比她更多。他们对自己的前景似乎更加自信。在原来的公司中，有些人的资格比她老，却在申请其他公司与她一样的职位。他们的成功率一定会更高吗？

问题是，她只看到了他们出风头的时候——他们针对正在发生的事情只做了的正面报道。这些前同事只谈到他们取得的成功和他们预期的成就（尚未实现）。他们也并没有向她和盘托出自己的疑虑，他们对于下岗补偿金用完后的焦虑，还有家庭经济压力，以及求职导致的紧张的人际关系。他们并没有谈论现在的压力——十几岁的孩子很难沟通，老龄化的父母很难交流，而且矛盾在不断激化。那位申请同样工作的资深同事并没有提到担心自己年龄越来越大，能力越来越小，而且还要和露茜娅这样年轻的西班牙女士竞争。

同时，她记录了自己生活中的每一次小小的拒绝，每一个没有回复的电话，以及每一次没有公司的庇护而单枪匹马地出现在行业会议上的情景。

以下是露茜娅在求职时保持自信的四大举措：

1. 每天晚上睡觉前，在日记里记下当天的成绩。她列出自己所做的一切，让自己在进展不明显时感觉良好。她一直在努力，并时刻提醒自己，这一点很重要。

2. 利用一些特定的时间去寻找工作。她每天早上花两小时求职，打电话和提交申请。她称这两个小时为"一天"。即便一天花八小时去找工作，也不会增加求职机会。

3. 尽可能多地与相关人士会面。三番五次地设计简历，并不会促进你的求职成功率，但是，约人见面可以帮到你。露茜娅勤于伸出求助之手，与那些可以帮助她或向她提供新职位的人见面。

4. 享受休闲时光。露茜娅有意识地努力去享受不工作的闲暇时光，她知道，这只是暂时的享乐。她做了一些日常不会做的事情，比如，和朋友一起去博物馆吃午饭；中午上一堂瑜伽课；孩子放学后，她和小家伙们一起出去玩耍。

自信的力量：思想决定未来

自信：名词，指的是一个人对自己的才能和力量的确信，深信自己一定能做成某事，实现所追求的目标。

讽刺的是，上一个例子告诉我们：露茜娅见证了前同事们的自信，结果，她突然丧失了勇气。我们不会在意，他们是否把自信心放错了地方，他们是否虚张声势来掩盖自己真正的担忧。

她提升自信之后，才能够萌生一些想法，并意识到自己当下做得很好。可以说，自信只是来自于内心。自信可以学来，也可以借来，甚至买来！

露茜娅在失业期间聘请我担任她的职业导师，因为她知道，她需要专家指点，才能成功转变，并顺利过渡到下一个职场角色。她没有意识到的是，她也需要有人为她呐喊助威。

有一个人毫不含糊地支持她，百分百地帮助她，这就是露茜娅真正想要的东西。对于这一点，我非常理解，并向她保证，她正在做正确的事情。我也表达了自己对她的能力和前景的信心，让她明白自己的优势。实际上，露茜娅正在购买一些"自信"，并正在学习如何保持下去。

如果自信是你成功的关键因素，那么，你要做什么来增加自己的信心呢？看看你是否可以回答下面的问题：

- 谁可以给你公正合理的忠告？

- 谁为你提供无与伦比的支持和热情？

- 谁是你最忠实的粉丝？

- 谁是你所在领域内高度评价你的领导者？

- 谁让你感到充满活力和信心满满？

- 你是否花了足够的时间与这些人在一起？

如果你正在转型或想要改变自己的生活，那么，建立自信就很重要。找到建立自信的办法，也是一个有趣的过程。

当我们通过别人而反思自己的时候，常常会信心十足，但重要的是，这些所谓的"别人"是谁呢？如果一个小孩认为你是一个伟大的面包师，那当然是好事。但是，如果专业厨师喜欢你的蛋糕，那就更有意义了。寻找你欣赏的人，让他们评价一下你想要做的事情是什么，你准备如何去做。他们可以是同事、良师益友或职业导师——只要可以帮到你就可以。

如此一来，你至少拥有一些家人和朋友的全力支持。生活中最难的事情之一就是——当你最亲密的人对你的成功和能力没有信心时，你却可以坚持不懈。在最艰难的岁月，每个成功企业家的背后都站着一些相信他的好友和配偶。

明确告诉你的配偶或伴侣，你需要支持，如果对方对你没有信心，那你就很难对自己有信心。如果对方不能给你信心，那你就应该明白自己的处境。

取得朋友的支持，倒不是一件难事。因为朋友不止一个，你有选择的机会。不是所有的朋友都可以提供你赖以生存的信心。你仍然可以和负能量的伙伴们打网球，但不要向他倾诉你的焦虑。这只会让你失望。请集中精力和他打比赛，但也要花时间去陪伴你最忠实的粉丝。

为别人做事，就是提高自己信心的好办法。总是有人比我们更糟糕。帮助别人的能力，让我们感觉自己可以把握生活，甚至可以掌控未来。这听起来好像是利他主义思想，但是，在志愿参与慈善活动或帮助邻居的过程中，我们会收获很多。

请花时间与正在做你想要做的事情的人在一起。你会获得一些经验教训。也许你会变得像他们一样聪明。也许他们这么做已经很久了，在实践中得到了更多的证实，因此对自己的能力更有信心。你可以学习他们，并建立自己的信心。

请努力提高自己的信心，并坚持下去。请把"自信心"看作一株需要常常灌溉才能茁壮成长的植被。

攀比：痛苦的源泉

社交网络是一个充满炫耀的竞技场，脸谱网（Facebook）尤其如此。如果你始终把时间花在那里，你就会相信别人的生活比你更好。那里有无尽的欢乐午餐和家庭聚会，还有各种毕业典礼和颁奖仪式。每个人都在谈笑风生和举杯庆祝，那是永无休止的乐趣。

如果你把自己与这群人相比，那么，你最终会变得悲惨。为了颠覆这个观念，请记住以下几点：

1. 人们只在脸谱网上发布他们想要你看到的内容。他们不会发布与配偶的争吵或没有得到的升职。

2. 你正在观看成百上千人精挑细选的内容。这就像今年最佳电影的年终总结一样。现在看起来，这好像是一个很长的名单，但在二月份，却没有什么可看的内容。

逆流而上是一件很难的事。如果社会压力让你沮丧，那你必须努力退缩，并保持自己的初衷。

我认识一位成功的作家，他与一名记者结婚了。夫妻俩都是自己领域中的佼佼者，而且他俩都很喜欢自己的工作。夫妻俩有 3 个健康可爱的孩子。这样的人生听起来不错吧？但他们住在纽约市，与他们的朋友和邻居相比，他们可谓一贫如洗。周围每个人的收入似乎都是他们薪水的好几倍，这些人根本不需要担心财务危机，他们都在苦恼孩子应该上哪所私立学校，假期派对应该选择哪家餐馆。相比之下，我的这位朋友却很清贫，夫妻俩总是担心信用卡债务，以及不断增加的公寓维修费。

如果他们住在美国的其他城市，那么，他们就是公认的 1% 的富人，但在纽约，他们却是 1% 的穷人。

有时，大家都很难记住自己得到的教训。

关于最幸福国家的报告非常有启发作用。2016 年排名前十位的国家分别是丹麦、瑞士、冰岛、挪威、芬兰、加拿大、荷兰、新西兰、澳大利亚和瑞典。

美国排名第十三，就在哥斯达黎加和波多黎各之前。中国是第 83 名，印度是第 118 名，而战争惨败的非洲布隆迪排在了 150 多个国家之后。

最幸福国家的标志就是高度的社会平等和强大的社会保障。如果社会不平等趋势扩大，人们就会更加不快乐。如果我们看看纽约的朋友，那就很容易理解了。

如果周围都是同样收入的人，他们可能会感觉好一些。他们都喜欢自己的工作，还因为自己所做的工作而获得了回报和认可。他们拥有强大的朋友圈和积极的社交生活。主要的障碍就是，他们感觉自己做得没有别人好，所以落伍了。与周围人的生活相比，那就相对不公平了。生活在一个拥有如此多富人的城市中，付出的代价就是三观扭曲。

我们倾向于向上看，与那些做得更好的人攀比，而不是往下看，观察大多数不如我们的人。但是，不断地向上看，可能会让你的脖子僵硬，并扭曲你的世界观。

贝基是一名老师，她嫁给了诺亚，后者也是一名老师。贝基出生在一个富裕的家庭，家人总是认为她会嫁给一个挣得比她多的男人。事实并非如此。贝基遇到了诺亚，并爱上了他，他们彼此真爱无悔。她喜欢自己的工作，在康涅狄格州的私立预科学校教历史。她在教育界非常受人尊敬。但是，她的邻居们都是律师和银行家。她所在的街道两旁总是停放着沃尔沃和宝马。夫妻俩的收入只是某些邻居收入的一点零头。

不过，贝基感激自己拥有而邻居们没有的东西。他们每个学期都会工作很长时间，但一年有六个星期的暑假和其他长假。一个星期当中有一个下午，夫妻俩都没有课，他们会一起休息。那是一个约会的日子。为了节省学费，他们的两个儿子在上同一所学校，所以，全家人可以一起上下班和上下学，白天还可以彼此见面。

"我就喜欢这样的生活，拒绝任何其他生活方式。"贝基说，"有几年，我羡慕别人可以无忧无虑地花钱，但是，我热爱我们自己创造的生活。这是特别的幸福，我感激不尽。"

女性压力：男人来自火星，女人来自金星

尤其是对于女性而言，出风头有着潜在的危害。她们早就开始努力去适应不切实际的社会形象了，这让她们压力倍增。小女孩被人称赞，往往是因为美丽可爱或娇小甜美。同时，男孩也因为自己的勇敢和冒险而被人称道。男孩有压力时也不会透露自己的情绪或弱点，但这不是我所关心的问题。

女孩在她们没有意识到的压力下长大。十几岁的少女总是担心自己的体型，她们的审美标准就是亭亭玉立的模特走猫步的场景。她们还喜欢穿着暴露的名人。结果，她们引来了别人的厌恶，就像嫌弃妓女拉客或感冒一样。

先是在学生时代，后是在工作场所，女性因为直言不讳而受到惩罚，她们很少被社会需要，艰难的任务很少落在她们身上。通常，违反规则的女性会遭到男性的鄙视，同样也会遭到其他女性的惩罚。他们往往被贴上这些标签——泼妇、该死的（我从来不曾理解其中的含义）、爱出风头、嚣张跋扈、脾气暴躁，等等。

虽然时代在变化，但发展很缓慢。在同类工作中，女性的工资依然比男性低 20% 左右。世界 500 强企业的女性领导人已经在减少，2016年在 4% 左右徘徊。貌似在进步，其实却不然。纵向研究显示，当女性开始大量投入事业的时候，她们的平均薪酬却开始下降。多么令人沮丧的现实啊！

所有这些因素都导致了女性们没有足够良好的榜样，既能在工作场

所取得成功，同时又不被不切实际的形象所包围。

目前有一种观点认为，如果女性比以往更加努力，她们就会在工作中取得成功的同时，成为出色的家庭主妇。这一理论显然忽视了，美国的妇女和家庭完全缺乏系统支持。这种支持在欧洲非常普遍。这种支持也出现在发展中国家，对象至少是中产阶级专业人士。

美国的女性需要休息或搬到瑞典。事实上，欧洲的大多数国家，包括乌克兰这样贫穷的国家，都提供免费或补贴的托儿服务——实际开始时间是妇女产假结束后回归工作岗位的时候。美国也是全球规范的法定产假中的罕见例外，与巴布亚新几内亚一起成为声援新妈妈带薪产假的仅有的两个国家。

与此同时，在许多发展中国家，女性的职业进步远胜于男性，只是因为总体经济增长率较高，所以，人人都有更多机会。穷国的中产阶级专业人士往往比富国的妇女得到更多的家庭帮助和支持，因为劳动力成本低。

顺便说一句，以往的观念认为，欧洲人的征税率远高于美国人，为的是撑起家庭负担。欧洲人的个人所得税只是略高于美国人，而瑞典人和英国人的个人所得税较少，得到的回报却高得多。

美国女性不断地责怪自己不够努力，没有在工作和家庭中做更多的工作，得到的支持也远不如其他地方的同行。同时，她们还听到了另一个故事：有一个神奇的女侠，她正在寻找治愈癌症的良方，同时，她参加了铁人三项，抚养了四个孩子，还在国外设立了孤儿院。

若要做出改变，我们需要求助于立法者，改善家庭状况，并在挑战规范行为方面相互支持。比如，在会议中支持女性同胞；支持大型律师事务所的女性合伙人采用的技术，这些方法和行为简单有效。

我们都应该谨记美国国务卿马德琳·奥尔布赖特部长的训诫："那些不支持女性同胞的女人们应该下地狱。"

绽放：适度展示自己的优势

我培训的一名客户受邀去洛杉矶参加派对。这是媒体和娱乐公司的行业盛会，只邀请她公司中最资深的人士出席。她一晚上都在应酬，与前同事们友好相处。突然，她发现自己坐在了美国导演史蒂芬·斯皮尔伯格的旁边。这是一个美好的夜晚。

然而，在整个过程中，她焦虑不安。因为她公司被邀请人员的原始名单中没有她，她是在最后一刻才得到了邀请。当她到达会场时，尽管参加者名单上有她的姓名，但还没有时间预先打印好她的名字徽章，所以，她最终用的是手写的名字。她认为，别人一定会关注到这个细节，知道她原本不在受邀之列。

虽然她很高兴出现在会场，但她一直在纠结于为什么刚开始没有受邀的问题。她说，这让她想起了自己的童年时代，少不更事的她总是无法融入同学圈或邻里圈。

现在，她和史蒂芬·斯皮尔伯格在一起，但她觉得自己并不能真正做到"从容不迫"。

无独有偶，许多年前，我作为国际通信业务主管，在伦敦为达美航空公司举办了一场活动。我因为疏忽，忘记了向一位参会者核对他所在公司的名称。虽然他的名字徽章上印有正确的名字，却把公司名称缩写成了"TBC"——通常，这是"待确认"（To Be Confirmed）的缩写。

我非常尴尬，但他认为这很搞笑，于是，他开玩笑说，也许还有"大奶酪"（The Big Cheese）之意呢，酷吧？

对比这两种经历，你会发现事情发生的相似之处。但是，不同的人的反应却大相径庭。我的这位客户喜欢以自己的经历来解读当时的情况，理性地说，她知道自己说的很棒，而且事情进展顺利。

有时，我们需要创造机会来展现自己。如果我们过分关注无用的事情、尚待完成的事情，以及没有按计划进行的事情，那么，我们最终会陷入满满的负能量当中。如此，我们的头脑倾向于关注消极事物，因为它的主要任务就是向我们输送坏消息。重要的是，正如丹·吉尔伯特所说，我们注意到了剑齿虎，却忽视了日落。唯一的结果就是，我们总是观看剑齿虎，却错过了夕阳西下的美景。

练习：快速盘点你的风光时刻：

1. 我擅长的事情

2. 我曾经有过的成功

3. 人们正面描述我的方式

4. 我喜欢做的事情

5. 我已经克服的障碍

现在，你有了自己的风光时刻。这些都是你展现自己的资本。当你忍不住想和别人一较高低时，就把这个搬出来，提醒你自己，你是怎么做到的。也许这是一个好方法。

展现自己的简单方法之一，就是真正捕捉那些精彩瞬间。马丁·塞利格曼率先采用的一种技巧，就是注意到每天结束时的顺利事件及其原因。他建议，每天晚上睡觉前写下三件进展顺利的事情及其原因。例如，你可能会注意到，当天的会议顺利进行，因为你已经准备好了，或者因为你的职场"对手"不在那里。

他还建议，一天结束时，夫妻俩互相提问，也可以是父母向孩子提问。回忆进展顺利的事情及其原因，这样的行为可以让我们重新品尝积极的体验，并挖掘其原因。在前面的例子中，要么是努力，要么是运气。这是一个比"你今天好吗"和"我很好"更丰富的互动。

马丁建议，当我们想要真正倾听人们的兴趣并欣赏他们的经历时，我们应该使用这种方法。这也阻止了我们陷入解决问题的陷阱，或者避免我们把它与自己身上发生的事情进行比较。少有的好主意！

WWWW 是"进展顺利的事情及其原因"（What Went Well and Why）的缩略形式。请把 WWWW 张贴在某个地方提醒自己。请在下次家庭聚餐的时候试一试。或者，在进入梦乡之前记录一下当天发生的好事。你会不知不觉地播放自己的风光时刻——远远胜过了观看"惨不忍睹"的纪录片。

第六章

——

人际关系，成功的推动力

本章导读：有益的人际关系是你迈向成功的关键，花费时间建立无效的人际关系会夺去你真正重要的东西。弄清楚谁在你的人际关系图中做了什么，能帮你理清思绪。如此，可以让你少接触让你压抑的人，多联系对你真正重要的人。

亲情：同根相连的至亲关系

人们之间的人际关系非常多样化，涉及的范围也很广——从私交到正式场合，从普通到亲密，从形影不离到势同水火。这些关系随着时间的推移而改变，我们自己也随着时间的推移而改变。人们的需要和欲望在生活各个方面往往存在着差异。

我们倾向于在人际关系中承受太多，有时候甚至到了卑躬屈膝的程度。但是，我们很难脱离这些人际关系。它们覆盖着我们的生活，就像房屋上生长着厚厚的常春藤一样，我们甚至有一段时间没有注意到它们的存在。

我认识很多这样的人——他们意识到彼此的友谊已经趋于平淡，不再激发任何乐趣。在某些情况下，双方都努力重新点燃往日友谊的激情火焰。但这些尝试总是不能如愿以偿，无法阻止友谊消退的自然过程。最后，当人际关系的基础已经不复存在，双方都会疏于联络。

他们可能还会见面，聊一些抱怨的话题，或者安排下一次聚餐。但他们常常取消约会，借口没空而推迟生活中不太有趣的活动。

他们反复演绎着罗伯特·曼考夫的漫画作品《纽约客》中的场景——一个男人站在办公室里，对着电话拒绝某人的邀请：

"不，星期四也不行。或者再也不要见面了，你觉得怎么样？"

我们都有这样的尴尬时刻。当我们真的不想或没有足够的时间与自己完全喜欢的人在一起时，就会出现这样的窘境。有时是因为我们尊重家庭、忠诚或承诺的价值。我们去看望年迈的伯父，因为我们认为照顾老年人很重要，即便去他那里需要花去半天的时间，而且照看的这个过程也真是没劲，但是，我们依然要去关爱他。

我们有时会做自己不想做的事情，但这是不得已而求其次的第二选择，目的是支持真正重要的第一选择。在这种情况下，长途跋涉去看望伯父是第二选择，因为它支持我们关心照顾年迈的亲戚的价值观，这才是第一选择。

有趣的是，不论是否去照看老年人，这都是"合理"的选择。我们可以不去看望那位伯父，因为现在很多人不去拜访老人亲戚。这么想可以减轻内疚感。相对地，我们现在很享受去看望老人的过程，因为我们记得我们为什么要这样做：支持对我们非常重要的价值观。

但是，其他的人际关系——不是至亲的关系——会如何呢？我们为什么要继续花时间陪伴让我们沮丧的人，或者根本帮不到我们的人呢？然而，这就是关系的羁绊，虽然它不总是让你感觉良好。

通常，最深刻的羁绊就是你与家人的关系。对我来说，建议你不要再浪费时间去陪伴让你沮丧的人是轻而易举的，但是，如果这个人是你的母亲，你会怎样呢？

并不是只有你一个人需要去承受这段难缠的人际关系，你的父母、兄弟姐妹，或是其他家庭成员也和你一样面临同样的问题——你们都需要面对一些不得不面对的亲人。处理这个问题的方法之一，就是与他们保持联系，希望他们不要发生什么意外。

这意味着，你要及时调整自己的期望值，以便匹配和与你打交道之人的真实情况。多年以来，也许他们的脾气从未改变，但你依然希望他们不是这个样子。你可以做的，其实是接纳他们真实的一面，然后随机应变，努力和他们建立友好关系。虽然，你最终可能会选择减少去看望他们或与他们说话的时间。或者，你可能选择去看望他们，但你经常转变话题，如此，在花时间与他们相处之后，你不会如此愤怒。如果你想保持关系，那就找到你们可以一起分享的东西，求同存异。记住，无论是什么样的选择，都是可行的。

关系力：绘制"关系网图"

在世界银行工作时，我负责私营投资部门——国际金融公司（简称IFC）的外部沟通。国际金融公司的任务是支持发展中国家的经济增长和创造就业机会。达到这个目标的途径是：投资世界各地的大小企业，并鼓励其他投资者参与此类融资业务。许多这样的公司在普通银行不愿提供贷款的恶劣环境中苦苦挣扎。

通常，他们想要融资的项目是长期的基础设施投资，而要保证投资回报率，就需要长期资本和丰富的专业知识来管理他们的环境和社会影响。这就是国际金融公司发挥作用的地方，它不需要快速回报投资，而且拥有世界一流的专家，可以帮助减轻诸如大型管道和发电厂等的影响。

环境问题往往具有挑战性，例如，确保从纸浆和造纸厂出来并进入当地河流的水和上游的水一样干净，甚至更加干净是不容易实现的。而且社会问题也一样重要。每一个项目都要确保当地社区没有受到一个项目的不利影响，而且在某种程度上有所受益。

通常，这就是工作的形式，并成为项目"供应链"的一部分。如果当地乡镇可以向工厂提供劳务、食品或运输服务，那么，公司就不会输入资本，从而节约费用，当地人的收入也会增加。这对于工作少而分散的偏远社区尤其重要。这也意味着，公司与当地社区之间的关系建立在相互依存的基础之上，可能是有益的关系。许多公司已经看到了与当地社区关系不好的代价是什么——破坏、抗议和道路堵塞，甚至会关闭工厂，浪费公司数百万美元。

为了确保他们受益，国际金融公司的社会和环境专家将会制定他们所谓的"关系网地图"。在一定程度上，这幅地图汇编了所有受到项目影响的不同社群。这可能包括从中央政府到地方议会或村主任、居民、农民、工人、维权组织、宗教组织、当地企业和学校的每个人。他们被称为关系网，每个人都受到了项目的不同影响，也产生了不同的影响力水平。有些人咋咋呼呼，引人注目，但实际上并没有受到这个项目的影响，还有些人可能会被忽略，但会从项目中受到重大影响或受益匪浅。

国际金融公司的专家将会绘制"关系网地图"，以确保他们了解其影响的规模，并确保没有人被忽视，每个人的关系网都能得到适当的管理。

你不一定会努力应对非洲水电站的影响，但令人惊讶的是，同样的方法和你的人际关系一样奏效。

你可能会绘制你的人际关系坐标轴，横坐标是人物的重要性，纵坐标是人物的品质。此图可以帮你了解自己应该把时间花在哪里。

如果此图有助于你思考人物的影响力而不是重要性，那就太好了。通过这个坐标图，我们的许多职场关系变得一目了然。你还会注意到，有些人可能看起来不重要，但是，他们有着超乎寻常的影响力。下面是绘制好的坐标关系图。

现在把你生活中的人物放在坐标轴的四个象限当中。有些人会有很大的影响力，而且你们有着很好的关系。那很棒。还有些人，你和他们

```
                        高品质（+）
                            │
                            │
                            │
                            │
    不重要（-）─────────────┼───────────── 很重要（+）
                            │
                            │
                            │
                            │
                        低品质（-）
```

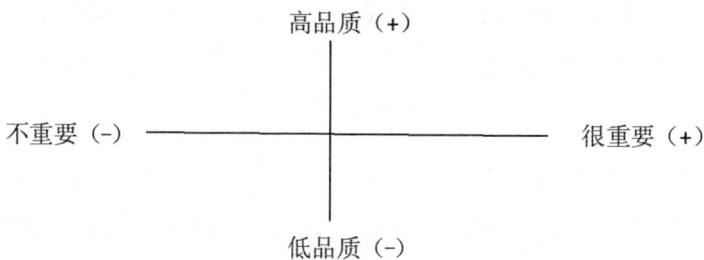

的关系相当棒，但他们不是很有影响力。例如，我喜欢我的邮递员布莱
恩，他也喜欢我，但最终他不会太多地影响我的生活。你会寻找左下象
限中的人物，你们之间的关系不好，对方的影响力也不大。

　　现在请关注左上象限中的人。这些人与你没有很好的关系，但对你
的生活有着挺大的影响。这就是你要做工作的地方。你最好想办法把这
些人移动到右上象限中。想一想，怎样才能改善你与他们之间的关系，
或者，如果改善关系似乎不大可能，看一看你是否可以把自己从他们的
轨道上移除，以减少他们对你的影响力。

价值观：让生活、工作和个人成长相匹配

　　现在的公司喜欢大谈特谈企业价值观。整个行业都在帮助企业了解
自己的价值观并确立使命宣言。有一种观点认为，阐明企业文化的关键
要素，可以帮助员工变得更有针对性和更有效率。

　　公司还使用诸如使命宣言和价值观等方式，让客户牢记他们所代表
的经营理念。例如，谷歌有"谷歌真理"，内容包括："以用户为中心，
其他一切纷至沓来。""最好的方法就是把一件事情做到非常、非常

好。""没有西装革履也可以很正经。"美国通用电气公司的成长价值观是：外部聚焦、思路清晰、敢想敢做、开阔深入。玛氏公司的五大原则是：质量、责任、互惠、效率和自由。

当公司设定的价值观不重视员工或客户的经历时，就会出现问题。比如，安然公司和全国金融公司这样的企业，宣称拥有自己遵守的价值观，可惜明显没有信守承诺。2016年秋天，富国银行被罚款1.85亿美元，因为它开设了几百万个没有客户申请或需要的账户，这是欺诈行为。然而，富国银行却宣称"道德规范"和"对客户有利"是其五大核心价值观之一。当员工知道内部企业文化与外部作用不一致时，就会产生冲突，通常情况下，客户可以体验到那种冲突。因此说，假冒企业文化并不容易。

同样的道理也适合个人。当你意识到自己的个人价值观与你正在做的事情相匹配时，你会变得更好。如果不匹配，你会遭遇到矛盾冲突的感觉，就像公司内部那些价值观不切实际的雇员一样。

以下的练习可以帮你发现自己的价值观。找个伙伴一起练习，这样会容易得多。

练习：记下对你非常重要的五件事情。然后，一次完成一件事，分五次完成。问问自己，它们为什么重要。对于每个答案，都要问一下：它们为什么这么重要。你要打破砂锅问到底，直到无话可说，只好敷衍一句："天知道为什么它这么重要。"

这里有一个例子。如果"钱"是你列出的重要事项之一，请问为什么。你可能会有一些不同的答案，引领你迈向一个不同的潜在价值观。

第一个人的回答：

● 选择对你很重要的五件事情之一：金钱。

● 为什么钱对你很重要？有了钱，我就可以照顾好自己的家人。

● 为什么照顾你的家人很重要？因为我希望他们得到很好的照顾，为了我们能够做自己想做的事情。

● 为什么那对你很重要？因为我希望我们有选择的余地。

● 为什么那很重要？因为我可以掌控自己的命运，自由选择自己想做的事情。

● 你认为这是你的核心价值之一吗？是的。

● 你想用什么词汇来表达这种价值观？自由。

对于别人而言，同一个问题可以回得到不同的答案。

第二个人的回答：

● 选择对你很重要的五件事情之一：金钱。

● 为什么钱对你很重要？我不想因为没钱而忧心忡忡。

● 为什么担心钱很重要？因为我不想担心自己没有足够的钱。

● 为什么那对你很重要？因为我喜欢安全感，我知道自己是否买得起自己需要的东西。

● 为什么那很重要？因为我想知道，即便事情发生了变化，我也不会有事。

● 你认为这是你的核心价值之一吗？是的。

●你想用什么词汇来表达这种价值观？**安全感**。

弄清自己的价值观，这一点非常有用，因为它可以告诉你，为什么有些人际关系很难处理，有些人际关系却易如反掌。通常，人与人之间的冲突，源自于价值观的不同。

例如，如果我们的老板在最后一刻安排我们做某事，如果我们重视集体，或喜欢即兴发挥，那么，我们会做出不同的反应。对于一些人来说，让他们工作日的计划被打乱，这是非常有压力的事情；而对于另一些人来说，这样可以提升他们的能量，让他们感觉自己很有用。显然，老板的要求方式，也起了很大的作用。

回顾一下你的人际关系地图，看看这些难搞的人际关系如何源自于不同的价值观。并不是说，你应该只与价值观相似的志同道合者建立关系，因为当价值观不一致时，它可以帮我们弄明白为什么事情会出错。

如果你发现自己正在一个价值观迥异的环境中工作，你会倍感紧张。大家很难改变自己的价值观，为什么呢？大家更难改变自己所在集体的价值观，为什么呢？你可以平静地对待这些差异，也可以采取行动。

领导档案：伊丽莎白·巴斯克斯

伊丽莎白·巴斯克斯一直清楚自己想要做什么，并且也很清楚自己的成长过程。

"我出生在墨西哥，在亚利桑那州长大，母亲一个人把我抚育成人。以前我们没什么钱。生活太艰难了。我学会了很多女性的普遍功能：努力照顾自己的家人。"

伊丽莎白是国际女性企业联盟的主席、首席执行官和联合创始人。国际女性企业联盟是一个非营利组织，帮助100个国家的女性领导的企业成为世界上最强大公司的供应链，比如，沃尔玛、强生和埃克森美孚。

"我记得，在亚利桑那州的学校里，有人嘲笑我是墨西哥人。我回到家里哭泣，母亲却说：'好啊，墨西哥人好啊。'我亲眼看到人们对你妄自假设，并对你怀有偏见。"

伊丽莎白很早就学会了拒绝别人对她的假设，也不让别人限制她做自己想做的事情。她的第一份工作就是来自美国政府。她相信招聘经理说的话——她真正想做的工作与有用且有价值的工作之间存在着很大的差异，所以，毫无疑问，这个职位适合她。

"在我的职业生涯中，我一直想让这个世界变得更美好，并且产生积极的影响。我从母亲那里学到的不是抱怨，而是要为你所关心的事物去努力奋斗。记得小时候，我总是跟她对着干。"

伊丽莎白说，她总是试图和她关心的人一起工作。伊丽莎白不但是国际女性企业联盟的领袖，还是联合国妇女经济赋权高级别专家小组的成员，该小组的成员还包括：国家元首、公司负责人和跨国公司的负责人。

她担任多种机构的领导，也是更多机构的顾问。

她为什么做得这么好呢？"我非常挑剔自己要做的事业，我只想致力于促进妇女赋权的相关事业。我非常擅长人力调度，我的周围都是聪明、能干和热情的人。"

"我对年轻人的建议，就是考虑自己的声誉，因为它与你永远在一起。合作、支持、做出真正的贡献，那才是最重要的。人们会记住你所做的事情。"

伊丽莎白和21个国家的团队结伴而行，走过了很多地方。她说，在家和丈夫以及年纪尚幼的女儿在一起，可以恢复自己的活力。"和他们在一起，我会感到放松、愉悦、平静、健康。他们都让着我。"

伯乐与导师：生命中不可或缺的两个人

伯乐和导师是不同的，但两者都是你需要的。导师是你公司（或另一个组织）中比你级别高的人，你可以向他们咨询。但他们对你没有监管责任。

伯乐是在你的职业生涯中提供支持的人，并可以代表你直接采取行动，或者是为你的晋升或获得新任务而游说的人。在汇报程序中，他们可能是你的主管或上司。或者，他们可能在你的报告程序之外，但在企业中具有权威。

导师真的很有帮助，但伯乐的影响力更大。这就是为什么两者都很重要。

现在很多公司都有正式的导师制。如果你的公司也有导师制，请观察一下，看看同事们是否发现导师的价值。如果你的公司举办活动，导师可以成为你与同行和资深同事进行联络的重要纽带。

在正式教育体系中，你可以选择自己的导师，也可以让校方分配给你。这可以很好地解决问题。作为学员，你需要伸出求助之手，并坚持设定时间与你的导师见面。你还要拟定会面要谈的具体问题。问问他们在自己的职业生涯中学到了什么，等等。作为导师，你在这些关系中得到的往往会超乎想象，导师的收获往往会比学员多！

你从不同的角度看待公司，了解公司其他部分发生的事情，并确保，随着时间的推移，自己的交际圈会不断扩大，而不是不断缩小。

导师和学员的关系就像是你和哥哥姐姐的友谊，你会喜欢上他们——工作时间之外，他们就不是你的哥哥姐姐了。

伯乐是另外一码事。你在这里建立一种人际关系——对方可以保护你，提高你，并促进你的事业进步。这就好比，你是艺术家，他是赞助人。作为接受赞助的人，你的工作就是要尽量保持忠诚，让他们看起来很好。他们的工作就是要培养忠于他们和对公司有利的人才。

当伯乐的目标不符合公司的目标时，有时可能会造成混乱局面。然后，你最终会选择去效忠自己的伯乐，他们自己却在争论不休，还利用你们这些无名小卒来发起内讧。

但是，如果你现在没有工作，情况如何呢？

你已经有伯乐了吗？你的老板是不是你的伯乐呢？谁可能是你生命中真正的伯乐呢？

赞助和被赞助的关系并不总是很明确。但是，较之导师与学员的关系，它有更多的优势，因为伯乐可以让你晋升、加薪、挑大梁，等等。

不过，这里也存在着更多的风险。这意味着，当你的伯乐做得很好时，你也可能会做得很好。但是，当他们做得不好时，你也会和他们一起走下坡路。

纽约是容易建立合作的大都市，那里的人们都是顶级的资深大腕。我知道那里的一家全球媒体公司，那里的员工也是公认的"迈克尔的门徒"，等等。每当一个顶级的赞助人在一次改组中被推翻时，整个团队的成员也会跟着走下坡路，或者职位急剧下降。

寻找你的导师和伯乐。使用"关系网图"标题下的坐标轴来跟踪导师和伯乐的影响程度以及你和他们的关系水平。确保有一些人位于坐标轴的右上象限：这样你就会拥有高影响力和高品质的人际关系！

有效社交：做一个高段位的沟通者

我培训的客户们经常告诉我，他们不喜欢经营交际圈。他们认为那是在浪费时间。他们鄙视那些过于关注交际圈的人。他们认为这就是在耍手腕和拍马屁，这就是在打高尔夫，跟人套近乎的一种社交活动。

为什么说交际圈如此重要呢，因为这是你工作的一部分！实际上，它会让那些自以为没有时间经营人际关系的人的工作更有效，并让他们在更短的时间内完成更多的事情。想想吧！如果你在广泛的业务领域内拥有强大的人际关系，那你就能获得更多的工作，而不会出现这样的尴尬局面——你的电子邮件的接收者是一个陌生人。

你可以更方便地与不受管制的团队合作。你可以更快地获得智慧和建议。当你了解别人，别人也了解并相信你的时候，你就可以承受那些异议和打击。所有这一切都会促使你对企业更有价值，并做出更大的贡献。

现在你已经明白了人际关系的作用，那么，你应该去结交哪些人呢？

专业社交网络的唯一关键点就是具有目的性。社交网络指的是建立牢固的人际关系，而不是打打高尔夫球而已。你需要考虑自己为什么需要社交网络，那样你就会知道该怎么做。你的目标是什么？你想让自己的团队为其所作所为而获得荣耀吗？你需要更多的资源吗？你想升职吗？

写下你的目标。然后列出你需要在这方面影响的对象。那是你的目标受众。接下来，稍稍延伸一下，列出一些影响他们的关键人物。不要忘记，这些人可能是他们的下属。你要寻找行政助理那样的守门员，以及预算官员那样的资源持有人。延伸之后的群体就是你的目标受众。请你记住他们。然后，我们来谈谈如何拓展交际圈。

你不需要深思，只要建立人际关系，提供价值，还可以吹点牛。这就是你要做的一切。对于你正在做的事情，你要做到心知肚明和直截了当。

你要了解对方的议程。问问他们有什么困难，看看你能否帮到忙。找出对他们很重要的事情，不要忘了打听那些事情。

提供一些有价值的东西，比如，你在业务中获得的一些智慧，你阅读的相关文章，或者他们需要或将要欣赏的实际事物。

女性朋友们，不要和男同事闲谈家常。家长里短可能是女性同事之间建立友谊的好方法，但是，通常情况下，你最好还是询问男同事们的工作问题吧。然后，你可以吹点牛。男性朋友会认为，这是完全正常的事情。不然，他们怎么会常常向你炫耀呢。

不用担心如何才能讲得明明白白。说一说小小的壮举，或者你的团队在这个季度干得有多棒。如果你担心自己吹大了，那就把"我"改成"我们"吧。

早点出现在活动和招待会上，强迫自己与目标群体中的某些人交谈。问问他们的事情，给他们一些有价值的建议，顺便提一下你正在做的好事，然后就可以回家了。不错，你一直都在拓展人际关系。你的任务完成了。

第七章

——

个人形象，成功的门面

本章导读：塑造个人形象可以提高你的个人魅力。关键是可以让你观看和扮演自己想要的角色。这不是简单地装模作样，而是真的可以搞定这个角色。这是有目的地建立知名度和培养气质。这可以获得外界认可，从而推进自己的工作发展，并过上自己渴望的生活。

良好形象：无声的魅力

上午 10 时，克里斯汀·拉加德正在参加国际货币基金组织（简称 IMF）的新闻发布会。故事发生在 IMF 和世界银行年度会议之前两天。几百名政府官员、银行家和财政部长聚集在华盛顿特区，一起讨论全球经济形势。克里斯汀意志坚定地走向会场，看到熟人就会点头微笑。最后，她顺利坐在自己的座位上。

她已经 50 多岁了，依然亭亭玉立，身材高挑又苗条，但头发灰白，皮肤黝黑。她穿着合身的外套和黑裤，脖子上围着一条彩色的围巾。她的耳环很朴素，但貌似很昂贵。她两边的演说者都是西装革履的男士。这些男人看起来疲惫不堪，显得黯然失色。他们穿得千篇一律，即便彼此互换衣服，你也发觉不了。

克里斯汀先是自我介绍，然后开始发表讲话。她说，她希望观众们记得她发言中的三大要点。然后，她介绍了这三大要点，并加以详细讨论，还配以数据和案例来解释说明。

她的语调友善却坚定。她的微笑中夹杂着严肃的目光。发言结束时，她又提醒观众这三大要点，然后还提了几个问题。提问时，她风趣幽默，却有些傲慢，但她善于自嘲，又显得格外温暖。在新闻发布会之外，她彬彬有礼地对待敌意的提问者，并与之进行深入探讨。那场讨论是否真的发生了，这是另外一码事，但是，现在观众已经被她迷住，并站在了她这边，提问者反对也没用。

克里斯汀·拉加德拥有非常强大的个人形象。她可以随时随地处理世界上最棘手的财务问题：欧元区危机、希腊违约、美联储政策、中国经济放缓，等等。然而，她总是一个冷静而有分寸的人。人们期望她务实又积极，希望她的发言旗帜鲜明。她做到了。那就是她的个人形象。

优雅也是她的个人形象。她穿得很得体，显得保守但非常优雅。她是一个极简主义者，最多携带一个精心制作的手提包。没有成堆的文件或大手提箱。她常常是众多男人装中唯一的优雅女人。她与 IMF 董事会成员的年度照，看上去很滑稽，因为性别严重失衡。然而，她看起来很舒服，好像是大学同学聚会时的团体照一样。这是因为她的个人形象在加分。

你的个人形象如何？别人如何描述你的个人特征？我们正在谈论你在别人心中的形象，而不仅仅是你的外表，不是吗？人们如何感受到你的与众不同呢？

练习：你认为自己在别人心中的形象如何，用 5 个形容词来描述一下——好的坏的都可以。例如，他们可能会说你——温暖、高冷、安静、喧嚣、怀疑、开明、好奇、善良、孤独、坦率、冷静、热情、有事业心、充满激情。

现在做一个实际调查。请 3 个好友或同事帮忙，给他们一张空白的索引卡，让他们用 5 个形容词来描述一下他们心中的你——好的坏的都可以。不要互相讨论，一定要他们给出毫无保留的诚实答案。然后，比较一下他们的答案。

你对自己的个人形象感到满意吗？你可能会惊讶于别人心中的你的形象。我记得，当我得知很多人感觉我很热情的时候，我都惊呆了。我还以为自己会遭受重重打击和批判呢。他们可不是这么认为的。

现在，让我们从专业角度来看待这个问题吧。你的个人形象对工作帮助不大吗？你是不是高冷到不露面的地步呢？你是不是太善变，以至于让别人误会你质疑自己的观点呢？你想如何在工作中脱颖而出呢？你想让办公室里的同事们说你喧闹而有趣吗？

练习： 有时候，别人并不认可你自以为的个人形象。比如，平易近人、成功、优雅、冷静、慷慨、聪明，等等。

先在索引卡上写下这些理想特征。然后添加你的朋友和同事形容你的最常见特征。在正面特征的周围画绿圈，在负面特征的周围画红圈。最后，把索引卡贴在你自己的公告牌上。

你可以了解人们心中的你是什么样子，并培养自己渴望的优势，从而加强或改变自己的个人形象。你可以通过自己的行为和气质，甚至外表来达成目标。关键是要有意识地放大或限制某些特征。现在就来练习你想要塑造的个人形象吧。

你的外表不能全权代表你的个人形象，就像商标不能全权代表公司品牌一样。但这是重要的一环。你能做些什么来放大自己的外表优势呢？

良好的修养就是美好外表的核心。这意味着指甲修好、鞋子抛光、衬衫熨烫、头发定期修剪。一旦你掌握了基本要领，那就可以练习自己渴望的事情了。

你想要怎样的外表呢？你需要减掉几磅，还是买一件新的冬季大衣呢？

我的经验法则通常是打扮起来，而不是破罐子破摔，特别是工作的时候，甚至在社交活动上也要精心打扮。这一点，说起来容易做起来难。因为我经常穿一件 T 恤衫去参加会议，连外套都不穿。我还曾穿着牛仔服去教堂做礼拜，当时的我感觉很不舒服，因为其他人都穿得正式多了。

女性朋友们要确保自己的衣柜中有少量高档衣物，最起码要包括：时尚夹克、定制的黑裤、漂亮的冬季外套和正装鞋。再加上深蓝色的名牌牛仔裤、几件定制的白衬衫和黑色 T 恤，那就完美了。你工作的时候，不必要穿西装，但如果你硬要穿西装上班，那就买几件好西服，并做好养护工作。一只好包和一双好鞋可以陪伴你很久。

对于男人来说，这些必备衣物也很重要。这意味着，你需要 3 件西装、10 件衬衫、2 件运动夹克、3 双鞋子、2 条腰带、3 条裤子、10 双袜子和 5 条领带。想一想导演汤姆·福特或演员丹尼尔·克雷格吧。这里的榜样可真多啊！看一看你办公室里的男人和你佩服的领袖，以及公众生活中的男人吧。谁看起来很气派？你想效仿谁？你想避免什么错误？

根据你的财务状况或你的职业生涯的特定阶段，请考虑在大型百货公司找一个私人设计师。他会为你挑选衣服，帮你形成自己的风格。你不会省钱，但你会节省时间，而且，你会买到很好的衣服，提升了自己的气质，建立了自己的信心。此外，你不会与别人撞衫，也不会总是穿错衣服。

你的外观可以提升你的个人形象，请确保两者之间相辅相成。

大胆展现：让别人看到你的光芒

艾玛在全球消费品公司工作。她是公认的高效员工，已经被迅速提拔，可现在，由于某种原因，她的处境很艰难。她的职责是跨团队合作和协调公司的工作，但她往往没有权力去管理与自己共事的人。她发现，谈判很费劲，尤其是与更多的资深同事谈判时，很难成功。她的老板，也就是公司职能部门的全球负责人，已经厌倦了她干预和谈判的任务。他告诉她，她需要提高自己的曝光度，并让自己的倡议获得更多的认可。他认为，这样做可以给她更多的支持，让她更容易谈判成功。

"增加曝光度吗？那意味着什么？我又没有穿着哈利波特的隐形斗篷让大家看不见我！我就在这里，做我自己的工作。"我们开始合作时，艾玛这么说。

在大型公司中，曝光度尤其重要，在这里，你正在跨部门工作，你的同事遍布全国或全球。管理层的资深同事们从来没有见过你，对你的成功没有任何利害关系，而他们却要决定你的升职和奖金。你如何让他们发现你的优势呢？

我们可以偏离主题，谈一谈你的工作应该如何为你加分，你的老板应该如何在管理层中为你游说，但前提是，你已经知道，事实并非总是如此。

为什么——你需要提高曝光度的 5 个原因：

1. 你需要更多的曝光度，这是你自己的工作得到认可与奖励的前提条件。

2. 如果更多的资深同事知道你取得的成果，那么，当你需要帮助时，更有可能获得他们的支援。

3. 你的团队成员应该为他们自己所做的事情而受到好评，而你是帮助他们获得好评的最佳人选。

4. 拓宽你的视野，这样可以为你提供更好的选择——无论是在公司内部，还是在公司外部。

5. 如果才华不如你的人做得比你好，获取的回报比你多，那么，你会深感不满。

但是，如何提高你的职场曝光度呢？请选择有公司利益的活动领域。它可能是一个企业项目，一个员工亲密团体，或一年一度的企业活动。温馨提示：资深人员将参与其中。如果他们没有参与，你也避开吧——除非里面有你自己喜欢的东西。

怎么办——快速提高曝光度的 7 种方法：

1. 自愿参与，问长问短，不断游说。主动提出在委员会中做一份乏味的工作；写一篇员工新闻通讯稿；确保自己参加与此计划相关的任何活动或招待会；早点到场，努力拓展人际关系。要知道，为了提高曝光度，你必须有意为之。

2. 主动在高级员工疗养所提供帮助，即便是充当辅助角色也可以。我认识一名高级策略官，他不是管理团队中的成员，但主动提出要在异地做会议记录。第二年，他被邀请来协助讨论。他不仅可以和高管们一起讨论相关议题——甚至他的老板都无缘跻身于这样的高管层——他还建立起了自己的人际关系，并被领导该组织的人们所熟知。他可以随心所欲地接近高管层，所有这一切都是因为他主动去做诸如打字之类的小事。

3. 出席企业招待会和活动。早点到场，当主人已经现身，但大多数其他工作人员尚未到达的时候，你就要出现了。会场里有很多人，高管们往往不认识他们，因为下层员工不愿意接近高管。

4. 公司野餐的时候，首席执行官旁边的座位往往是空的。请坐在那个位置。做到举止优雅。不要谈论工作。对待他们就像对待一个你不太了解的同事一样，请教他们，并分享一点你自己的生活。

5. 举办一场活动来款待某位资历浅薄的小人物，并邀请他们的老板或老板的老板。你在公司的食物链中的位置越低，实践起来就越容易，资深人士就越有可能参加活动。

6. 撰写企业通讯稿或在公司内部网站上发表文章。温馨提示：公司员工常常对毫无创意的内容而深感绝望。

7. 邀请一位演说家来你公司发表讲话，并邀请一位资深人士来给员工做介绍。然后，为内部新闻媒体写稿。你会发现，如果他们在本地举办图书促销会，那你就可以免费倾听高级演说家的发言，真是不可思议。

案例研究： 伊玛尼是一家大型企业的中级职员，她读的一本书给她留下了深刻的印象。于是，她组织大家自带午餐，并展开一场讨论会。她的兴趣是如此之高，以至于她建议邀请这本书的作者来公司给员工们讲话。作者来了，这家公司举办了一场全体员工参加的露天活动，伊玛尼在开幕式中致辞。她知道，不是所有的高级管理人员都会出席会议，所以，她建议首席执行官及其团队与作者私下会晤，并共进午餐。该公司宣称，这本书的主题至关重要。作为这次活动的协调员，伊玛尼保证自己会参加这次私人午餐。她在管理层关心的问题上获得了很大的曝光度，主动开启了一场大家都从中受益的交流活动。

你可以鼓励自己与公司的资深人士交谈。他们经常与日常生活脱节，甚至非常寂寞。他们喜欢从身边的高管中获得信息，此外，他们还喜欢拥有其他的信息渠道，与中低层员工们熟悉。

请问他们开放式的问题。请展开一场对话，就像你与不熟悉的同事对话一样。询问他们是否参与了你们双方都关注的活动，以及他们对于当前问题的思考，抑或是他们的家庭生活或职业历史。说出你自己的观点和经验。告诉他们，此活动与你所做的事情有关，抑或是说出自己想要参与的方式。你尽力就好。做完这些，你就可以安心回家了。

挣脱束缚：莫被他人的眼光影响

你可以建立自信和勇气，这非常有助于你成功塑造自己的个人形象。最重要的是，你不必太在乎别人的想法。

1994 年，我是莫斯科路透社的小记者。我遇到了前来开设新办事处的路透社主编。通讯社的主编是个大人物，相当于普通公司的首席执行官。他说，我下次去伦敦的时候，就去联系他，我们一起吃个饭。我照做了。几个月后，我被调到了伦敦。我给他打电话，并约他共进午餐。我告诉我的老板，我要离开办公室一会儿，因为我要和主编共进午餐，老板惊讶得张口结舌。一个无名小卒参加这么大的饭局，真是受宠若惊。

我倒是什么都没想。有人抬举我，约我吃午饭，我就去赴约呗。我没有设法利用这个机会，因为我不知道什么是机会，我没有抓住机会去培养人际关系。讽刺的是，如果我的职位高一点的话，反而不会去赴约，我当时认为，他会邀请所有的下属去吃午饭，并不是什么大不了的事。我可能会"高估"当时的情况。

随着职务的提升，我们往往会不愿意接受这样的邀请。我们没有看到建立个性形象的机会。我们变得胆小，还担心别人误会。

下面 7 种简单的方法，可以帮助大家成功塑造自己的个人形象：

1. 主动参与行业会议，并积极发言。如果你的资历尚浅，请从小事做起。寻找与众不同的角度。他们的团队阵容中缺少什么典型因素呢？他们缺少年轻人、女性，还是少数民族？他们是否缺少新行业或专业领域？你能填补这些空白吗？

2. 寻找其他发言机会。请一名助理来帮你搜索本行业中最重要的活动，并呼吁组织者去查看和预约演讲者的档期。在日历上标明这些日期，然后根据标记，打电话预约他们。

3. 写行业通讯和博客。查看你所在公司的相关规定。如果有必要，请从小事做起。商业杂志的内容往往令人绝望。所以，定期发稿可以让你更有可能受邀在活动中发言或为其他媒体撰稿。

4. 会议期间，请参观记者室——如果有的话——还有网站。这听起来太疯狂了。大多数人十分害怕跟记者说话，但如果你对自己的话题了如指掌，而且不喜欢对他人品头论足，那么，你会成为记者们采访和了解你的行业的最佳人选。这有助于建立你的个人形象和你所在公司的企业形象。

5. 邀请专家到你所在的公司，并举办一场自带午餐活动，或者类似的简易午餐活动。专家们将会受宠若惊。成本很少但是收获很多。结果就是——你被视为创新活动的倡议者和公司接触外部世界的领导者。

6. 寻求奖励，并推荐你自己和你的团队。这些通常是容易实现的目标。人们不喜欢组织者总是盯着熟人观看，他们常常热衷于看到新的面孔。请在商业杂志和协会中搜索相关奖励活动，并在日历上标明活动日期。

7. 积极思考你的行业之外的事情。如果你在私营部门，请与诸如联合国或世界银行这样的国际组织建立关系，以便在他们的活动中获得发言机会。对于推动联合国全球契约或外部事务等伙伴关系功能的人员而言，这是一个良好的开端。当你再次回到自己的公司时，就会是大家公认的全球思想领袖。

你还可以进行外部验证，这是你在公司内部塑造个人形象的好方法。但关键是，要确保有关人员的知情权。

如果你的公司存在着沟通问题，请提升你自己的口才。让他们一眼就能看到你入围的奖项（你不必奢望"奥斯卡提名"那样的大奖）。或者，给他们发一个有你写的文章的网页链接。如果你的文章提到你的公司，他们就应该也可以被包括在新闻摘要中——大多数公司都有新闻摘要，可以在员工中传播，高管们也会阅读。

真实的故事：在我曾经就职的一家公司中，某位高级经理非常擅长讲故事和写文章。有一天，她的故事被列为三大顶尖企业新闻故事之一。她已经完成了一项计划，有人发现，她在前三个月的内部新闻渠道中获得了高于首席执行官的位置和重要性——完全是因为她提交了有趣的项目，并得到了批准。不用说，当内部通信团队因太容易被操控而遭到惩罚时，这位高级经理却没有受到谴责。

既然做好了这一切，还对建立个人形象充满了信心和勇气，那么，下一步就是勇往直前。为什么不去追求那个高级职位或晋升呢？或者，为什么不离开你所在的公司，跳槽到一个新的公司呢？在一家公司待的时间越长，就越不敢轻易辞职。但是，如果你勇敢地跨出第一步，下次改变起来就容易多了。我的逻辑是——事情再怎么难，也绝对没有你想象的难。

如果阅读第一章之后，你确定了自己想要什么样的生活，那么，你当前的工作是否支持这种生活模式呢？对于你正在做的事情，你感到高兴吗？

对于某些人来说，目前的工作没有支持主要目标，但也有利于其他目标，即便不怎么令人满意，总比闷闷不乐强啊。

但是，相反，如果你经常向朋友抱怨自己多么厌烦，那么，你需要考虑做出改变，否则你永远不会过上自己想要的生活。

培养气场：hold 住全场的秘诀

我曾经培训过一些高管，我告诉他们，他们需要培养更强大的气场。但是，这是什么意思呢，如何培养更强大的气场呢？

"强大的气场"指的是"高贵、认真或严肃的举止或姿态"。这些都是旁观者眼中的优点，下面的练习还包括让你气场瞬间变得强大的几点建议。

练习：与对话者进行眼神接触，保持双脚平放在地上，保持身体稳定。仔细听他们在说什么。重复他们说的话，并检验自己的理解能力。然后达成共识。休息片刻之后，开始询问一个易于讨论的问题，以便探讨他们的看法。在积极倾听的基础上，同时注意你的肢体语言。培养强大的气场，这不是你唯一的任务，但这是一个良好的开端。试一试吧。

但是，积极倾听不是培养强大气场的唯一途径。气场只是仪态的一部分。"仪态"是更高级的气场，需要很多人去培养的另一大特质。或者，也许有人会提醒你何时需要调整自己的仪态，以取悦在场的观众。

培养积极仪态和正面形象的关键是更多地了解自己的影响力。你的影响力就是别人对你的体验，也就是别人心中的你的形象。你说的话和做的事可以影响别人，但与你自己的期望值无关。你的影响力会随着人物和环境的变化而改变。

有没有人说你曾经朝着某人"大喊大叫"，而你显然没有大声喊叫？这就是影响力。另一个人的体验就是：你的音调和肢体语言就是在"大喊大叫"。这在青少年时期经常发生，当你与比你文静得多的同事或下属相处时，也经常发生这样的事情。

小心误区：你展现的不一定是别人看到的

你的期望值和影响力之间往往存在着差距。只有接收端的人知道你对他们有什么影响，只有你知道你自己的期望。

看起来很明显，但容我想一会儿。如果是这样的话，你永远不会知道自己有什么影响力，除非他们告诉你或你询问他们。同样地，他们也不会知道你的期望值——除非你说出来。

下面站在听众的角度去思考你的言外之意。如果你告诉他们你的期望是什么，那你就是在驱使他们接纳你的意图。

示例1："我要核查一下这个项目的时间表，然后，我再考虑你的反馈意见，好吗？"

错误说法："我们需要在六月份之前提出建议，在七月之前选择一家提供商，八月份之前拟出第一份草案……"

示例2："我想针对你的演讲提出一些反馈意见，因为你已经说过，你正在研究当众演讲的技巧。你愿意吗？"

错误说法："我认为，你的演讲很体面，但是，如果你可以解释一下这个数据，那就更加完美了。"

仔细观察：观众们都接收到了什么信息？

人们对他人行为的容忍度各不相同。对于一些听众而言，当你手舞足蹈地快速讲话时，传达的是热情和激情。对于另一些人而言，同样的行为却是盛气凌人、飞扬跋扈。我们拿天花板和地板来打个比方吧。我对激情的容忍上限是我的天花板，但这可能是别人的地板——容忍下限，因为他们喜欢精力旺盛的高能量。弄清楚听众的容忍上限和下限，这一点至关重要。

案例研究：迈克尔是欧洲媒体公司的一名高级执行官。他在快节奏的环境中平步青云，是大家公认的"不断地破坏和创新"的创意思维者。该公司的一些最新产品和企业收入都来自于他的团队。他的声音洪亮，胆识过人，妙趣横生。他的团队爱他。他们年轻，有创意，每天都活跃在打破常规思维的数字世界。

作为高级团队的成员之一，迈克尔时不时就得和首席执行官泰德见面。泰德性格内向，但善于分析。迈克尔总是精力旺盛，这一点激怒了他。泰德曾经表示，迈克尔的注意力不集中，令人困惑。为了使自己的期望值和影响力更接近，迈克尔在与泰德见面的时候总是努力克制自己。他更多地思考了自己需要做出的贡献，并简明扼要地概括成几点。"少说话，多微笑"，成了他与泰德独处一室时的座右铭。这有助于他更有效地倾听，并表达更多的要点。

你们要更多地考虑自己的仪态和影响力。环顾四周，看看人们的口头语言、文字表达和肢体语言，你就会发现这样一些案例——某人的影响力可能与自己的期望值不相匹配。

肢体语言：最直观的判断方式

作为演讲者，我们往往会忘记肢体语言的意义，但是，肢体语言对听众的影响可能非常深刻。特别是当我们的肢体语言与口头语言或文字表达不一致的时候。

有一个同事曾经指责我，她每次在会议中发言时，我都会翻白眼。这是事实，我认为她的想法很糟糕，但我不知道，我"泄露"自己内心想法的时候，表现得如此明显和不友好。

下面是一则有关肢体语言战胜口头语言和文字表达的显著案例：2015 年 3 月，"德国之翼"航班在阿尔卑斯山坠毁，机上 150 人全部遇难——副驾驶似乎想要"故意摧毁"客机。接着，汉莎航空和"德国之翼"的首席执行官一起赶到了现场。顺便说明一下，"德国之翼"是汉莎航空旗下的低成本航班。汉莎航空多次表示，他们是一个统一体，对彼此充满信心。然而，在新闻发布会上，他们的肢体语言表明，这两名男子的意见不一致，几乎不认识彼此。

考虑一下，如何培养自己的仪态和气质，从而提升自己的个人形象。如果你想被视为组织中值得信赖的高效人物，那就这样做吧。想一想你对别人的影响，然后根据听众的需求去打造自己的风格。看一看别人心中的你自己是什么样子。是不是符合你的期望？是不是符合你的个人形象？是不是符合你的价值观？

进入角色：提前规划你的形象

乔是我的一位前同事，曾经就职于中国香港某大型金融机构。有一天，有一位中国大陆的公司管理人员给他打了一通电话，他俩曾经在行业会议上见过面。那位管理人员给乔打电话，是因为他正在申请乔所在公司的一个职位，想要了解这个职位和公司的一些情况。乔认为他对该地区广告投资的职位感兴趣。而实际上，这位管理人员正在申请该公司的首席执行官职位，而且如愿以偿地得到了这份工作。

乔以为这位管理人员想要申请较低职位，这种想法并没有错。这位管理人员从未在中国大陆之外的地方工作过，也不是乔公司的全球合作伙伴。他只是一家大型投资公司的中国地区领导人。

招聘人员还真没想到这一点。他们以为他是全球合作伙伴，对整个国家负责，而这位长官认为自己可以胜任这份工作，并立志扮演好未来的角色。直到他的前雇主拒绝了宣布任命的新闻稿时，事情才变得明朗——他曾经是区域副总裁，而不是公司合伙人。可惜，已经太迟了。于是，董事会进行了无数次的访谈和确认。新闻稿被修改后的措辞含糊不清，但不妨碍他这位新的首席执行官走马上任。

有时，你必须在拥有职位之前就提前进入角色。你可以称之为——"在实现理想之前，你可以提前进入这个角色"，不过，这句话的意义远不止于此。

提前进入角色，这意味着，你正在假装自己想成为的那个人。这意味着，你已经在扮演更高级的角色。这意味着，你要寻找机会去接触你想要与之为伍的同仁。

有很多方法可以做到这一点。本章的前文中也介绍过一些提高曝光度和提升个人形象的方法和技巧。

还有一些事情，你必须喊停。如果你希望自己获得更多的关注，就不要继续与那些喜欢抱怨和沉迷于办公室闲聊的人密切接触。你通常不会在那里找到资深同事，至少找不到成功人士。所以，退出那个无聊的圈子，寻找一个积极上进的团队。

成长进阶：让企业看到你的蜕变

在企业中待了很长时间之后，最大的弊病就是，人们习惯用某种眼光来看待你。对于通常不那么擅长或不太愿意自我推销和拓展人脉的女性来说，这可能会特别成问题。"在企业中成长"的现象是，你和同事们仍然看到你处于初级阶段的低级角色，你还在原地不动，他们忘记了你后来被提拔的事实。

你就是那个需要改变的人。你的同事不会也可能不喜欢这样做。这有点像家庭关系，当你试着把家人当作朋友来相处时，你的家人却会蠢蠢欲动，怂恿你重新回到那个传统的角色——小孩子、后进生，或者其他角色——只要他们感觉舒适就行。

这就是为什么你必须提前进入未来的角色——无论是在生活中，还是在办公室。你必须按照自己想要的方式行事——忠实于你自己的生活和工作。你不能等待别人给你这个角色或给你一个头衔。你只需要承担这个角色，并坚持下去，直到他们习惯了全新的你。

有时，从小事情开始，会更容易——你要经常在会议中发言，或者放下身段去做一些卑微的事。外表也很重要，穿着得体可以帮你掩盖自己的焦虑，并给你更大的信心。如果你知道自己看起来很好，那么，通常你会感觉很好。这样，你可以更容易地尝试新的行为。

成长进阶：让陌生人看到你的优势

对于如何改变自己在人们心中的形象，目前尚未发现为人熟知的好方法。你最好在人们获悉你以前的样子之前开始新的行为，这样比较容易。想一想那些跳槽或搬家的人们，只要你和他们聊一聊就会知道，他们是如何抛弃过去的黑历史以及重塑崭新面貌的。

《圣经》中《路加福音》4章24节中有这样一句话："没有一个先知在自己的国家是受欢迎的。"影响或打动陌生人，比影响和打动那些认识你多年的人更容易。从一张白纸开始，可能是一个巨大的优势。

这就是一些焦虑人士在跳槽或换行时往往被误导的原因。因为新颖和未知，你会撞出一个伤口。海明威在《流动的盛宴》中谈论了"打动陌生人"的吸引力法则，这在巴黎盛行，在职场上也管用。

即便不选择从一张白纸开始，也可以走进新的角色，让自己和周围的人慢慢脱离原来的你。结果，大家都会以你想要的方式看待你。

在家里，你可以展示自己的变化，并帮助那些爱你的人。如果你想要更多的娱乐时间，并希望你的伴侣或配偶参与进来，那么，你就可以向对方解释娱乐的重要性，以及娱乐对你们的好处。通常，这要比晚上约会和星期四不工作好得多。

成长进阶：让更多人看到你的提升

我经常培训一些正在寻找新工作的客户。有时候，他们把目光聚集在自己当前的公司。有时候，他们已经离职，并在寻求新的职业机会。那些卓越之人的唯一标志，就是我所说的"参与"。

"参与"指的是主动接触他人，组织会议和咖啡交谊会，以及积极参加活动和研讨会的行为。当他们参与时，就会有幸见到其他人，并进一步交谈，从而获得新的想法和人际关系。他们打电话，潜心阅读，做更多的研究。然后，这些因素结合在一起，就会披荆斩棘，让前进的道路变得更加清晰明朗。

有时候，很难做到这一点。虽然你满怀热情去打电话或发电子邮件，但很有可能得不到回复，人们不会以热情回应。但是，我最成功的客户们却坚持不懈。他们的参与度越高，创造的动力就越大，结果便产生各种决策和大量的新职位。

这同样适用于建立强大的个人形象，创造你想要的事业和生活。提前进入角色，真的是具有生命力的举措。这要求你有意去做自己想要的事情，并按照自己想要的方式行事。通过坚持不懈，你会变得生机勃勃，最终实现自强自立的目标。

第八章

平衡工作与生活，避免成为工作狂

本章导读：19 世纪，上层阶级并不想太多地沉迷于工作。正如《唐顿庄园》中的伯爵夫人那样，竟然不知道周末是什么。但是，这里的前提是：生产力的提高意味着闲暇时间的增多。可事实正好相反，在生产力大幅提高的今天，人们变得越来越忙碌。因此，把握好自己的生活和时间，才是成功的新标志。

观念重塑：休闲与工作并非水火不容

1935 年，英国哲学家伯特兰·罗素发表了一篇文章，名为《赋闲礼赞》。他提出了自己对工作和休闲的重要性的看法。他认为，工业革命是减少工人劳作时间的一种方式，他相信技术进步的最终目标就是增加普通人的休闲时间。

伯特兰·罗素的中心论点是，工作不是生活的目的，而我们却高估了这一点。

罗素支持一天工作 4 小时的做法。如果自动化使我们能够在更短的时间内完成更多的工作，那么，我们应该将剩下的时间用于娱乐和善行，而不是去做更多的工作。

他认为，文明一直是社会精英和休闲阶层的产物。他承认，这些精英享有不公平的优势，而且，几个世纪以来，他们一直在压迫劳动者、农奴和奴隶，从而获得了休闲时间。不过，他提到，社会精英对文明世界的好处也至关重要。如果没有休闲的精英追求自己的利益，我们就不会有艺术、科学、文学，更不要说创造伟大文明的哲学或政治思想了。

在罗素的世界观中，工业化现在让大家都得到了相同的好处。他谈及执政阶级的刻薄和社会真相的时候，显得很现实。他觉得绝大多数的统治阶级好逸恶劳，缺乏才情。虽然上层阶级已经产生了达尔文和许多其他伟大的天才，但是，大多数人更关心自己的马匹和下一顿饭，或者花天酒地的生活。

罗素相信，闲人越多，好处就越多——不仅存在个人的满足感，而且整个社会都会受益。他认为，对于少数人而言，如果可以自由探索与工作无关的兴趣，人们就会追求有利于共同利益的乐趣。他们会参与让大众生活更加美好的事业与活动。他们会寻求尽善尽美的做事方法，这对大家都有好处。

然而，他主要关心的是个人的生活质量。他希望人们健康快乐，平静地生活在一起。他的理想是，既要充分地工作，又要关注休闲娱乐，但不要太多，不可让人们疲惫不堪，没有精力去做其他事情。

然而，我们似乎并没有尽到自己的职责：

"现代生产方式给所有人提供了平安与闲逸的机会；相反，我们却选择让一些人过度劳作，让另一些人忍饥挨饿。如今，我们还一如既往地活力四射；从某种意义上讲，我们是愚蠢的，但我们没有理由永远愚蠢下去。"

20 世纪 30 年代，罗素正在著书立说。他已经发现，工业革命并没有减少工人的工作量——他认为应该减少工作量。如果他现在还活着，就会看到我们继续像以前一样"愚蠢"，没有任何改变生活方式的迹象。

现在，人们的身上贴着"忙碌"标签，作为荣誉的徽章和重要的标志。长时间工作的文化在许多行业盛行，特别是在法律和金融服务领域。在美国，大多数员工的假期每年定为两个星期，即便是休假，也总是不去度假。

头条新闻捕捉到了极端的情况，就像伦敦的银行实习生一样，连续工作 72 小时后，死于癫痫休克，或者，就像经常连续上夜班的初级医生一样。

但是，其他人怎么样呢？所有这些工作的目的是什么呢？

学会偷懒：懒人的效率可能更高！

dol·ce far nien·te（优哉游哉）——这是一个意大利短语，意思是："偷懒快乐"或"无所事事就是爽"。

意大利人对"优哉游哉"的感触颇深。对于他们来说，这意味着与朋友一起在咖啡馆里消磨 1 小时，或者毫无目的地在城市街道上独自闲逛。你可以独自一人或与别人一起。这并不意味着只是闲逛或什么都不做。这里有一种甜蜜或渴望，这意味着你在享受美好的时刻，并选择漫无目标，只是为了快乐，其中蕴藏着一种温和的闲适感。

美国人真的不会"优哉游哉"。生命被征服，并被最大限度地挤压。如果有一些不必工作的休闲时间，应该加以优化和利用，并择优选择。想一想在这两个小时内你可以做的一切事情吧。可惜，"优哉游哉"的愿望往往让人感到异端、邪恶、可耻。

我有一个好朋友，她总是担心浪费时间。每每谈及她的家人应该做什么的话题时，她总是会说出这样的收场语："所以，今天没有被浪费掉。"我们和三个青春期男孩一起去滑雪旅行，这是一段特别有趣的经历。男孩们嗜睡，还喜欢穿着睡衣到处闲逛，慢慢地吃着薄煎饼早餐——这时，她担心，如果他们不干点儿正事，那么，这一天就被浪费掉了。真是讽刺——催促某个人——正在不亦乐乎的人——去做一点儿正经事。

我和这位朋友颇有同感。我喜欢完成工作的满足感和勾掉待办事项的成就感。麻烦的是，待办事项清单上的项目可以自动替换。如果没有添加更多的项目，你就无法勾掉任何事项。同时，放松的时刻已经过去了。

　　下面有一些建议，教你如何享受"优哉游哉"的时光。你可能会在待办事项清单中添加很多其他事项，但需要一个良好的开端：

　　•休息一会儿——坐在办公桌前休息两个小时。不要查阅电子邮件或电话，而是做一些愉快的事情。

　　•走出大门——下次太阳照耀的时候，离开自己的办公桌，去户外散步30分钟。看看周围的事物，看看你以前从未见过的东西。

　　•独自品尝咖啡——不要把咖啡带回办公桌，不要再做任何事情，只要坐下来饮用咖啡（没有电话，没有报纸）。看看周围的事物；让自己浮想联翩。

　　•早点下班——比平时更早地离开你的办公室，漫步回家，选择走一条不寻常的路线，或者，在书店门口停下来看看书。

　　•闲逛——星期六早上，不要直接去健身房或去跑步。穿着睡衣，喝着咖啡，给朋友打打电话。

　　•早点抵达约会现场——下次你和某人相约进餐时，尽量早到半小时，先在酒吧喝一杯，观察形形色色的人，直到同伴到达。

　　•周日休假（或者周六休假）——你不必像虔诚的教徒那样度过"安息日"。周六或周日，选择其中一天，不要安排任何任务。另外一天，做你需要做的事情。只要在"安息日"那天进行快乐有趣的活动就好了。

领导档案：卡洛琳·肯德·罗布

我和非洲发展小组的常务董事卡洛琳·肯德·罗布进行了交谈。她不厌其烦地强调，她不太乐意被人当作成功领导的典范。

她说："我总是很不情愿地说出自己的成功时刻——无论在哪里取得了成功，我都不想显摆，因为你不知道接下来会发生什么。到目前为止，我已经让自己的工作和生活达成了平衡。到目前为止，一切都已经达到了完美的平衡。请注意，我说的是'到目前为止'，因为你不知道将来可能面临什么样的挑战，或者发生什么样的事情。"

但是，"到目前为止"，她做得非常不错，因为她拥有一份充满活力的职业生涯和丰富的个人生活。起初，她就职于英国零售商——玛莎百货。后来，她在英国政府、世界银行和国际货币基金组织拥有卓越的职位。她是贫穷国家社会政策和发展领域的先驱。5年前，联合国前秘书长科菲·安南邀请她去管理非洲发展小组，这是安南主管的一个组织，目的是为非洲大陆上最棘手的问题寻求幕后解决方案。

"就我的职业生涯而言，我自9岁之后就开始感到这个社会不公平，而我一度想做的只是我现在所从事的工作。这一点一直很清晰。我没有想过要在自己的人生中做些什么。我把自己的工作视为天命，而非单纯的工作。"

卡洛琳嫁给了电讯行业一名成功的顾问，并生下了3个孩子。他们目前在日内瓦生活。

卡洛琳将自己的成功归功于专注于生产力。她形容自己在工作中"超级集中注意力"，还不断地进行权衡和取舍——哪些事情最有影响力，哪些事情最没影响力。她说："政策对国家的影响力长期存在。这就是我要花费时间的领域。"

"我努力工作，准时下班。我白天很有组织性，也不分心。我认为自己善于自我反思。我总是问自己能不能做得更好。我也很乐意寻求帮助。我找专家，问朋友。我喜欢与自己的团队进行思维碰撞。"

在个人生活中，她围绕着家庭转，花时间与女儿、朋友和家人在一起。"我喜欢大家在一起做事的样子——无论是在一起做饭，一起吃饭，还是看着孩子们睡觉的样子，都充满了幸福的感觉。家长里短——早中晚饭——这些就是我最重要的事情。"

利用休假：人生不应该只用来工作

如今，出现了一种相反的潮流——吹嘘自己不需要在假期里查看电子邮件，或者自己可以一直享受快乐的长假。我认识一位高管，他最近的假期计划包括：在挪威北极圈上空划独木舟，以及乘坐印度驳船顺流漂下。

《金融时报》的露西·凯尔韦曾经记载：现在的伦敦银行家们可能会大吹特吹自己的新年娱乐计划——减少冗长的工作时间，减少酒精的摄入量。

这是一个缓慢的认知过程，真正的成功意味着把握好自己的日常生活。如果你真的是居高临下，为什么还要听命于客户和公司日程表的使唤呢？

有些行业需要长时间工作，是因为时间就是金钱。律师因为长期工作而臭名昭著，因为他们的业务模式基础是按照小时收费，而不是根据提供的价值收费。（这是题外话，但是，花更多时间去做某事，这是否合乎逻辑呢？）

我认识一个非常成功的国际律师，他是律师界公认的权威专家，但是，他总是哀叹自己花在出差方面的时间太多了，包括每月来回亚洲两次，以及在午夜过后进行电话会议。

他会说："客户这样要求，我真的是身不由己啊。"

这与每周工作 6 天，每天工作 12 小时的工厂工人有何区别呢？伯特兰·罗素希望他们获得更多的休闲时光。

毫不夸张地说，我的律师朋友拥有的闲暇时间和 19 世纪的煤炭工人一样！当然，他的生活比那些工人阔绰多了，还拥有一辆漂亮的豪华汽车，但他对自己人生的掌控力十分有限，也不知道如何自娱自乐。

电视连续剧《唐顿庄园》描绘了英国上层阶级最后的光辉岁月，当时，人的命运与出身息息相关，有些人生来就要伺候人，有些人生来就被人伺候。电视剧讲述的是 20 世纪早期的故事——第二次世界大战前的几十年，战后社会水平的提高得益于自动化的进步、教育的普及，以及对更多熟练工人的需求。

唐顿庄园里的日子总是优哉游哉，同时里面的工作也是井井有条。老伯爵夫人曾经真诚地询问自己的亲戚——做律师谋生的马修："周末是个什么玩意儿？"

时针已经转了一圈，现在大多数人都渴望更多的休闲，而实际上，成功人士可以掌控的时间总是十分有限。

我认为，这就是需要改变的地方，人们开始反思和挑战传统的智慧。我的生命的目的是什么？是为了在公司的官阶上苦苦挣扎，以便像契约仆役一样操心劳作吗？如何才能获得成功呢？

我曾与许多高管，特别是女性高管一起工作，她们观望着公司中的资深人员，无论男女，最后得出结论：这不是她们自己想要的东西。

全球金融机构的某个中层主管曾经说过："公司鼓励大家申请主管职位。那是大家公认的很有声望的职务。但是，当我看着主管们的现状，看到他们花了多少时间工作，花了多少时间出差，我决定，我真的不想要那样的生活。我感到很糟糕，因为我知道，我应该尽量提高自己的职业生涯，但这看起来并不吸引人。"

如果时间是终极奢侈品，这对雇主有什么意义呢？

英国一位高级女主管曾经说过："我宁愿每周五休息，放弃 20% 的工资，而不必每周上班 5 天。多休息一天，这对我的生活和家人团聚来说，存在着巨大的差异。即便我在星期五需要查阅电子邮件，可能与一周工作五天的效率差不多，但我喜欢它带给我的自由。"

如果你是公司的雇主或领导，那么，找出工作中真正有价值的人，这对你的成功至关重要。温馨提示：这不是挣多少钱的问题。

注重体验：体验能提升生活质量

有一次，我和儿子一起去尼加拉瓜旅行度春假。这是一场灾难性的旅程。我们住在一个偏远的岛屿上，看上去就像是田园诗般的海滩别墅。但是，海面上波涛汹涌，无法游泳，也没有水池，最近的餐厅位于丛林的一条泥泞小道上，需要步行 20 分钟才能到达，度假村的业主粗鲁又刻薄。我们试图离开，但不能早于我们预订的航班。我那 13 岁的儿子说："我们被困在天堂里了，妈妈。"

我们想尽了一切办法，让自己能够在斯库巴潜水。真心感谢我的电子阅读器 Kindle，不然这段时间将会非常难熬。现在，让我们复述一下旅途故事吧，其中包括：度假村的业主如何拒绝为我们提供午餐，因为我们没有提前预订——即便我们整整一周都住在那里。还有，他们如何藏起新鲜牛奶，还说他们需要鲜奶做奶酪，不能为客人备用。

当我买东西，或者在网上订购东西，却发现真实商品的大小和模样与图片大相径庭时，也不会这么郁闷。我当然不会高兴。但我可以退货啊，只要简单地重新包装一下商品，就会可以退回给商家。

两者有什么不同呢？显然有很多不同之处。

从体验和实物中获得的乐趣有什么差异，针对这个话题，已经有了大量研究。以康奈尔大学心理学教授托马斯·吉洛维奇为首的研究团队发现，"体验购买（体验花钱的行为）往往比实物购买（实际花钱买东西）提供的幸福感更持久"。

吉洛维奇及其同事的广泛研究发现，我的尼加拉瓜之旅，虽然感觉就像噩梦一般，却依然比一次购买行为更加有趣——无论满意与否。

显然，体验购买的好处在实际体验之前就开始累积，而且长期存在于我们的记忆中。实物购买却达不到这样的效果。

吉洛维奇团队中一位研究人员说道："你可以考虑，在一家不错的餐厅等待美味的餐点，或者期待着一个美好的假期，那种等待的感觉与等待一部苹果手机的感觉有什么差异。或者，在亚马逊上买东西，承诺是两日送达，结果却不如人意，你的感觉如何呢。"

我们思考自己将在未来的体验中获得更多的乐趣，这样我们会感到更加快乐，那是我们思考自己拥有的东西时无法得到的快感。

你会认为，我们周末更喜欢躺在新沙发里，因为窝在沙发里可以一劳永逸，从中获得持续的享受。其实不然。对于每天都能看到的东西，我们会变得无聊或失去兴趣。只要想一想，假如你拥有一部新的苹果手机，那该多好啊。但是，如果你真的拥有一部苹果手机，幸福感就会很快消失。

事实证明，我们也喜欢等待体验的过程，而不仅仅渴望拥有的结果。看到人们排队一起观看最新的《星球大战》电影，或者观看自己最喜爱的乐队的音乐会，并参与互动，这种热血澎湃的心情，哪是星期五或新年前夕的购物热情可以比拟的。

对于零售商来说，我们对体验的偏爱产生了重大的影响。安永公司最近的一项研究发现，消费者中的第一大趋势，就是他们所说的"体验价值的优先次序"。这就是说，你卖给我一件外套，我穿着很暖和，这还不够。我想要享受购买的体验，并与品牌建立联系。消费者现在希望成为"积极的共同创造者，而不是简单的消费者"。零售商现在鼓励客户参与从设计到购买的各个阶段。他们还试图为客户创建平台，让他们互相交流，以此来增加更多的快乐体验。

下次你有技术问题时，请注意，与你合作的公司将会如何引导你前往"用户论坛"，你可以在那里向其他客户询问如何最好地解决你所面临的任何问题。这样做可以节省公司的客户服务费用，而且，你可能会感到更开心，因为你正在联系其他志同道合且可能更熟悉产品的客户。

这种由零售商主持的消费者互动活动适用于科技等领域，但是，其他领域也在越来越多地应用到它——从咖啡到家电购买，一切的一切。

我们得到的主要教训就是，体验比拥有更快乐。可能得出的结论是，我们花费的时间越长，我们就会越快乐。所以，我们要减少冲动购买和惊喜派对，并开始计划下一个假期。

走进自然：这才是真正的放松

如今，只有15%的美国人生活在农村，这是大多数工业化国家的普遍现象。我们喜欢城市的便利和它们产生的规模经济。城市对文明所提供的大部分事物负有责任。没有城市，思想就不能传播，人们就不能轻易为别人开发和生产东西。如此，就很难向偏远地区零星分布的居民们提供服务。人类的各种努力和社会关系在城市中都表现得更好——无论是学校还是医院，无论是管弦乐团还是咖啡店，都做得更好。然而，城市生活可能会令人疲惫不堪。噪音、高楼大厦、交通拥堵和熙熙攘攘的人群，都对我们的心理造成了伤害。

有关专家已经开始研究城市生活的影响了。大家早就知道，城市生活环境中存在着心理疾病的风险因素，比如，重症抑郁症或精神分裂症。即便城市的基础设施、社会经济条件、营养状况和医疗保健服务比农村更好，也不会改变这个事实。

但是，无论是在城市环境中生活，还是在农村环境中度日，大自然对减轻城市生活压力的好处在哪里呢？

似乎这项研究不太成熟，但是，如果我们与大自然亲密接触，就会大大受益。

斯坦福大学的格雷戈里·布拉特曼调查研究了体验大自然对情感和认知的影响。布拉特曼及其同事在加利福尼亚州斯坦福大学及其周围的自然或城市环境中随机分配了 60 名人员，让他们分别步行 50 分钟。在散步之前和散步之后，这些人会接受一系列对情感和认知功能的心理评估测试。

与在城市步行相比，在大自然中散步产生了更多的情感效应（减少焦虑、沉思、消极情感，保护积极情绪）以及认知功效（提高工作记忆力）。

换句话说，如果同样的散步发生在大自然中，就会更加有益。也许这并不奇怪——沿着高速公路散步比沿着美丽的溪流散步更为紧张。这里还有一个有趣的现象——即便散步结束后，心旷神怡的感觉依然在继续。

走在高速公路上的研究参与者，更容易反思那些困扰他们的事情和令人焦虑的报告，而那些一直在绿草地上奔波的研究参与者，对自己的生活感到更加自信、愉悦和乐观。自然环境比城市环境更有利于人们的大脑活动。

这里还有一项更加引人注目的研究：水可以舒缓我们的神经系统，并促进我们的身体健康。为什么在夏季，人们不得不花时间在水边度过——无论是海边还是湖泊？为什么人们喜欢在水旁退休？不言而喻，靠近水域的地方，对我们的心理健康有好处，而且事实证明，这些好处远远大于我们所想象的程度。

关于水对身心健康的显著影响，海洋生物学家华莱士·尼克尔斯进行了广泛的研究。他在自己的著作《忧郁的心》中探索了在水中、在水面、在水下、在水旁的好处背后的神经科学。

尼克尔斯分享了很多人的故事——从顶级运动员到科学家，从退伍军人到艺术家——以便展示水如何改善表现、让内心更平静、减少焦虑、增加事业成功概率。幸运的是，我们不必在海边生活。我们可以在附近的水池中游泳或洗澡，这与生活在海边有着类似的好处。

接近大自然的好处，说起来也许并不新鲜。几十年来，有一些组织正在努力把城里的孩子带到农村去。

现在，人们喜欢在农村举办夏令营，他们最初倾向于在美国东北地区扎营，这是为了让孩子们摆脱工业化城市的热潮和拥挤，享受农村地区的宁静。如今，露营行业相互竞争，吸引城市儿童和家长去往农村。他们根据营地接近水域和小镇的距离来分段收费，通常，营地越远，费用越贵。

尽管我们凭直觉就知道，在大自然中生活，有助于恢复元气和振奋精神。但我们依然会沾沾自喜。

同时，你们也可以自己做实验。注意一下，在跑步机上跑步和在树林中散步的感觉上有什么差异吧。

第九章

———

突破瓶颈，重新规划你的人生

本章导读：当你从事全职工作的时候，往往很难进行长期规划，尤其当你还要满足家庭需求的时候，那就更加艰难了。但是，如果你没有把关键的事情安置在适当的位置，那么，总有一天，你会不知所措。此外，当你在企业生活中达到制高点的时候，就必须开始下一阶段的转型，以及个人、职业和慈善事业的组合式人生。

明确方向：尽早确立人生目标

当我们聆听杰出同事或演说家谈论他们如何计划自己的职业生涯时，有多少人会感到惊奇呢？你已经习惯甚至厌倦了他们如何环环相扣地反思事情的发生过程——从大学到研究生院，再到他们的第一份工作——这似乎是一个天衣无缝的过程。

对于我们大多数人来说，事情不会如此顺利。我记得自己曾经沮丧地倾听鲍威尔先生的讲话，他是一位退休的四星上将，也是美国前国务卿。他是一位非常成功的人物，也是一位颇具影响力的演说家。他鼓励听众采纳自己百试百灵的一段忠告："你们要永远寻找自己做得好的事和喜欢做的事，当你发现自己可以做好自己喜欢做的事情时，恭喜你，你已经美梦成真。"

如果事情真的这么简单就好了。我们大多数人都没有尽早地发现自己做得好的事情和自己喜欢做的事情。有些人永远也得不到答案。但久而久之，有些人可以如愿以偿。

然而，这是一个良好的反思法则，看看我们实现这个目标有多近，或者我们距离这个目标有多远。如果你讨厌自己做的事情，而且你做得很一般，那么，你真的需要考虑一下你自己的人生目标了。

有些人会定时提醒自己，就像是一段人际关系中出现了问题和裂痕，于是，他们重新评估自己的人生。但是，我们大多数人没有这么做。一年又一年，一份工作又一份工作，我们大多数人都在不断地选择，但没有找到一种恰当的人生模式，没有自觉去铺设一条目标明确的人生道路。

我们所做的一些选择，其影响力似乎很小，直到事后回顾，我们才会注意到它的独特方式与过程。

我有一位同事就职于纽约的联合国总部，他曾经说过，他认为自己因为在这个特定组织中待得太久而犯下了一个战略错误，但后来，他转而认为自己犯下的是一个战术错误，因为他的角色贯穿着自己的整个职业生涯，真的是无路可退。久而久之，他只好决定停留在这里，真是令人遗憾啊。

人们在临终之前不会后悔自己没有花足够的时间工作，这是个老掉牙的话题。但是，《纽约时报》的大卫·布鲁克斯收集了一些有关老年人的美好故事，再现了最快乐的生活。

重要的是，我们一生可能会分成几个阶段，这似乎就是人为划分的结果。这样的话，人们会感觉，他们对自己的人生方向和生活目标拥有更多的控制权——胜过那些认为自己像"软木塞一样"的堕落之人。

定时提醒自己的好处还包括：警惕反思，而不是义无反顾地前进；不试图控制别人，因为你不能够，那样会让你失望；挑战更多的风险。年长者总是抱憾自己没有做过的事情，而不是已经做过的事情。这与丹·吉尔伯特关于决策的研究相吻合。老年人还提到了积极的人际关系和成为社会成员的乐趣。他们还强调了在组织中工作的重要性，不提倡成为孤立在外的叛军或孤狼。

布鲁克斯的博客上罗列了几十位老年人的生活故事，读起来非常有意思，有时悲伤和忧郁，但更多的是有趣和感人。

阅读它们可能足以给你空间去反思自己想要写的人生故事。为了帮你做到这一点，请试着完成下面的练习：

练习：从现在开始，练习给自己写信，并坚持 5 年。写下你目前正在做什么，你的生活如何，你的价值观是什么以及你不喜欢什么。写信给自己，说出自己 5 年后想干什么，以及你希望这 5 年期间会发生什么。如果你感觉 5 年太久，那就坚持 1 年吧。写完后，装进信封，邮寄给自己，并记下打开信件的日期。然后把信放在安全的地方，与重要的个人文件放在一起，或者夹在日记本内，请务必放在你记得的地方。

这就是你定时提醒自己的方法。你不必等到 70 岁才能决定这是不是你想要的人生方向。你现在就可以做到。

立即计划：现在就推自己一把

长期以来，在经济方面，人们的最大疏漏之一就是过于乐观。我们一直以为，我们将来会赚更多的钱，永远不会少赚钱。我们的心理轨迹就是一系列加薪和更重大的工作或不断增长的业务。通常事实会如此，但也有万一。因为情况会变化，经济和产业可能会衰落，还有一些健康问题和个人因素的干预。

我认识一位女士，她本科毕业于普林斯顿大学法学院，然后开始了公设辩护律师的职业生涯，这是一个智力要求高但回报丰厚的职业，旨在保护司法系统中的低收入客户。她认为自己会在这个领域内坚持一段时间。后来，她的第二个孩子生来就需要特殊照料，她发现自己需要减少工作时间，为了照看孩子，她只好全职改兼职。她的事业一直卓有成效，现在主要致力于死刑案件，但她的收入一定会受到影响，如果没有丈夫提供的第二笔收入，她就无法维持生计。

政策制定者早就意识到了人们对未来不切实际的乐观态度。同样的乐观态度导致了我们不想缴纳养老金，拖延存钱以备不测，不愿面对每年都在增长的房屋费用。

行为经济学旨在研究人们做出决定的心理因素和情感因素。政策制定者越来越多地使用它来引导我们轻易做出对自己有利的决定，例如，提前准备养老金，让我们不要做伤害自己的事情，比如吸烟。

理查德·泰勒和卡斯·桑斯坦合著的《助推》一书，是行为经济学的启迪读本，也是一本非常有趣的书，其中收集了政府如何"助推"人们做出更好决策的例子。

在英国，总理办公室里成立了一个"推一把小组"，制定了"让人们为自己做出更好的选择"的政策。该小组还旨在改善公共服务，使其更易于投入应用，从行为科学文献中汲取灵感。这是世界上第一个致力于行为科学应用的政府机构，从此，它成了在全球范围内运作的一个独立实体。

你可以"推一把"，途径就是评估自己的个人财务可以长期关注的决策领域。

你可能想要咨询一位信誉良好的财务顾问，一位具有信托责任的财务顾问，以便帮助你制定自己的长期财务目标。你可以专注于适当级别和类型的保险，以应对各种不测或不幸，比如健康、生活、家庭、残疾，等等。然后去应对未来的负担，比如退休账户、自置居所、孩子上大学的学费，等等。请自动增加养老金和储蓄存款。记住，不要去想那些自己不曾拥有的东西。

当你适当地"助推一把"时，不要以为这就意味着你正在忏悔。你只是在打基础，以便更加轻松地把大事做好。你依然可以让自己的个人生活变得富足。富足是一种心态，而不是巨额的钱财。富足就是你知道自己在长期计划中做出了正确的决定，还可以享受现在的生活乐趣。

个人生活富足就是你对自己的选择和决定感到满意的状态，并不需要得到他人的验证。富足不是挥霍无度的冲动行为，富足就是你知道什么时候可以犒劳自己，以及你什么时候想要坚持自己的计划，因为你知道它会让你长期受益。

必有收获：任何计划都会带来收益

"我需要 5 间以上卧室，而且必须临近湖畔。"对我说话的这位高管最近离婚了，他现在恢复单身，要找的房子距离他住的地方不要超过10 个小时的车程。"为什么呢？"我问道。"因为如果不是湖边，他们夏天就不会来，如果没有足够多的卧室，他们就不能带孩子过来。"

这位朋友口中的"他们"，指的是他的三个孩子，一个 15 岁，一个 13 岁，一个 10 岁。但他现在就开始计划以后的事了。

他正在考虑孩子们什么时候长大，还确保自己有时间和他们团聚。他想制定一个计划，最大限度地增加孩子们想要和他共度时光的机会。

他想让氛围变得轻松愉快，并邀请长大后的孩子们，让他们成双成对地来他这里度周末，并把这里看作自己的家，他们在这里会看到自己的兄弟姐妹，他们可以把自己的朋友带到这里，最终还要把自己的家庭带到这里。

是的，他现在就开始计划了，尽管一开始，他不能长期待在这里。他工作艰巨，出差很多。他与前妻共享孩子们的监护权，所以，春假或其他假期，这对离婚夫妇轮流抚养孩子。但是，大部分时间，孩子们会去夏令营。

这位朋友正在仔细研究地图和地产楼盘，寻找完美的复合式家庭住宅。他正在寻找一些现在就可以发挥作用，孩子们长大后也可以适应的东西。

我认为，这个方法胜过了全球媒体公司首席执行官的壮举。这位首席执行官可是美国高薪排名前15位的首席执行官之一啊。他一直在告诉同事们，他的圣诞节和新年的计划，其中包括驾驶私人飞机，先去巴黎玩一个星期，然后前往马达加斯加。他说，家庭假期变得越来越精细，因为他要竭尽全力准备一次千载难逢的旅行机会，以保持成年孩子们的兴趣。

相比之下，在我看来，我的朋友在新英格兰观看荒废的湖上农舍，可能更好些。他把度假的房子提供给别人，自己却在旅行，这样会留下一份份意味隽永的回忆，他正在积累这样的美好回忆。

我们知道，体验带给我们更多的快乐，创造更多的幸福。但是，体验通常需要提前计划。我们很难因为冲动而去进行家庭度假。

如果是这样，而且我们长期考虑与自己爱的人一起生活，那么，确保这些体验真正发生的计划变得非常重要。

设计草案：用时间标定你的梦想

下面是一个快速的方法，可以帮你创造与自己爱的人共度良辰的美好回忆：

- 取出日历，看看未来 12 个月的日程安排。使用纸质日历比电子日历更容易做到这一点（我只是说说而已，别当真）。
- 在日历上标明重大假日和联邦假期，以及任何已经计划的假期。
- 标记你想要休息一段时间却尚未安排的地方，比如，明年夏天。
- 寻找没有节假日的空白或较长时间段。在那里标上一个星号。你能在那段日子里休息吗？即便不能休息，也可以抽空去看看电影或计划一顿特别晚宴哦。

如果你和别人生活在一起，请与他们分享计划草案，并吸取一些建议。他们想去哪里？他们想做什么？然后，将一些计划步骤落实到位，比如，预先订座、邀请别人参与等。

如果你不提前计划，就很难让别人参与进来。你也失去了我们在上文中讨论的预期成就。记住：旅行的乐趣有一半归功于事先考虑。

我有一群闺蜜，她们曾经计划一场小型滑雪之旅——每年一月的某个周末，也就是马丁·路德·金纪念日。我们可以去当地的滑雪胜地，最多有两三小时的车程，没有航班或航空公司。我们会在附近的湖畔租一座房子——大小可以且正好装下我们这群人。我们挤在了这座房子里。晚上，每个家庭轮流烹饪，我们已经提前为自己和孩子们准备了早餐。午餐在山上吃。晚上的时间用于棋盘游戏、电影，太多的时间在热水浴缸里度过。这样的享受便宜又有趣，还易于组织，永远难忘。最终，孩子们厌倦了这个度假胜地，但我们依然可以回忆起一些更加热闹的时刻：有的孩子喜欢住在租来的房子里，因为这里比自己家更好；有的父亲认为自己的孩子在冰上永远也玩不够；有的夫妻坚持在泡热水澡后去雪地里打滚。

你创造的回忆也需要一个地方去安置——当你们聚在一起回忆往事的时候。这比以往任何时候都容易。拍摄大量照片，然后上传照片，将其转换为相册、幻灯片或日历。你可以点击"自动填写"，最终一定会有一些特别的收获。他们也为参与进来的主办方或朋友们提供了极好的礼物。现在，可以肯定的是，大家可以把这些美好瞬间转变成永远的回忆。

大胆设想：你希望未来的自己是什么样？

我有一位深受欢迎的同事，他在同一个单位工作了 30 年，现在已经退休。他在这个单位的许多部门工作过。快要退休的时候，他终于首次担任首席运营官，这是一个"二当家"的职位。在退休之前的最后几个月里，他甚至担任过首席执行官。有人谈论说，他可能会得到最高的职位，但他没有。相反，那个职位给了一个局外人，那是由招聘人员发现并经董事会审查通过的人才。这位老同事是否想要最高的职位，谁也不知道，他可能也曾想过吧。

在他的欢送会上，那些"疯狂的客户"疯狂地追忆着他的逸闻趣事，大谈特谈他被两个人取而代之的事实。他的工作实际上一分为二，这两个人将会分担那些曾经由他一人承担的责任。

对话中没有好奇，也没有钦佩。现在需要两个人来取代他，毫不奇怪，没有人愿意接管他的工作，至少不是所有人都愿意。

这位老同事很出名，因为他一度排除其他干扰，集中精力于自己的工作。他每天早上都很早到达办公室，夜深了才回家。每次委员会和董事会会议，他从未缺席。他熟知发生过的每个重大交易的细节，即便在度暑假，他也总是通过收发电子邮件去遥控管理公司事务，无论春夏秋冬，他都能做到这一点。

如果说，他具备一种职业美德，那就是一种礼貌、一种幽默感、一种精神智慧，但是，也许他最大的天赋就是可以长时间地辛苦工作。

所谓职业美德，就是在你离开公司的时候，你的同事和同仁们依然记住你的美好特质。你希望自己的职业美德是什么呢？

你考虑自己的职业美德的时候，不是他们计划你的欢送会的时候。你需要更早地考虑这个问题——但不是从职业生涯一开始就考虑，这似乎不大可能——除非你拥有非凡的技能，是个专家，而且一直都知道自己想要做什么。

如果你像大多数人一样，那么，你会跌跌撞撞，不断地摸索，逐渐做好某些事情，同时也将意识到自己永远也做不好某些事情，而且，你还会知道一些自己真正擅长并喜欢的事情。你往往会在充分了解自己，熟知和承认自己的优点和缺点之后，才能获取这样的灵感。

你可以随时考虑自己的职业美德，任何时候都有用途。因为它会让你集中精力去思考那些对你真正重要的事情。

实践 1：记下你想要被同事记住的职业美德。试着想

象你正在为自己的欢送会主持人写谈话要点。你希望
他们即时评论你的哪些特质和成就呢？

想一想你心中的偶像。那是马歇尔·戈德史密斯在艾泽·比塞尔承办的一项运动中所做的事情。他的挑战就是模仿自己的偶像。

实践2：列出你心中的偶像名单，包括个人偶像和职场偶像。

然后，写下他们的特质。他们的主要特点是什么？

最后，划去这些偶像的名字，并用你自己的名字取而代之。

这是马歇尔·戈德史密斯发现的内容：他心中的每一个偶像都非常慷慨大方，都是伟大的导师。他需要模仿这些偶像的所作所为。这就是为什么他开始了100个教练培训项目，他把自己知道的一切免费教给了100名教练，并要求他们传播开来。

做完上述两道练习之后，你就会明白自己的职业美德定位。是时候去采取行动保护你的职业美德了。

领导档案：马歇尔·戈德史密斯

马歇尔·戈德史密斯区分了成功的内在原因和外部因素：

成功因素

关于内在原因，他说："我喜欢自己做的事情。它提高了我的幸福指数。我喜欢这个过程。我觉得它很有意义。这就是我对成功的定义——做自己感到快乐和有意义的事情。

我真的相信，成功是由五大因素构成的：

1. 健康。如果你死了，就不可能成功。

2. 财富。你需要中产阶级的生活方式，但在这一点上，它并没有太大的区别。

3. 良好的人际关系。

4. 感到快乐。

5. 有意义。

我认为，你必须同时具备"幸福"和"价值"两个要素。没有幸福的价值，意味着你是一个假圣人；没有价值的幸福，意味着你只是一个空壳。我很幸运。这五大因素，我都具备。

关于外部因素，我很幸运，因为我和大人物们在一起工作，比如，保罗·赫西，他曾经被两大客户同时邀请，因为无法分身，于是请我去替他接待一个客户——美国大都会人寿保险公司。我照做了，而且做得很出色。只有幸运是不够的。运气帮你打开大门，剩下的需要你自己去努力。"

六个问题

"我遇到了一个难题——有一位女性客户打电话给我，每天问我：我是否尽我所能，作为一个丈夫，作为一个父亲，我是否尽我所能找到价值和快乐，等等。"

马歇尔把他的六个问题写在了自己的网页上，网址是 www.marshallgoldsmith.com

最佳建议

他没有接受最佳建议？那就再去问问保罗·赫西吧。

"我做得很好。保罗说：'你赚了太多钱。你需要花更多的时间去思考和写作，然后，你才能进入下一个环节，并产生更大的影响力。'"

"12 年来，我一直没有接受那个建议。我做得很好，但我每年都在一次次地重复，就像是一只被困在车轮上的仓鼠。如果我不得不重复着自己的生活，那就会听从保罗，并早点接受他的建议。"

模仿偶像

"我受到了艾泽·比塞尔的启迪，她问我的偶像是谁，让我开始思考自己的职业美德。我列举了这些大人物：弗朗西斯·赫塞尔宾、理查德·贝克哈德、彼得·德鲁克、沃伦·本尼斯和艾伦·穆拉利，等等。他们都是伟大的导师，而且都慷慨大方。艾泽要求我去模仿他们。这就是为什么我开启了 15 个教练项目，在那里我教了 15 个人，我把自己知道的一切免费教给了他们，并要求他们传播开来。现在扩大到了 100 名教练。我想为别人免费做些事，然后鼓励他们做同样的事情，就像那些伟大人物对我一样。这样做会带来更多的好处。"

尝试突破：为什么不尝试一下新职业

我经常受命去帮助那些想要建立组合型职业的客户。有时，公司要求我帮助一位即将退休的高管。有时，我要帮助一个想在下一个阶段给自己定位的人。

什么是组合型职业？如何建立组合型职业？

让我们假设一下，你有一个很棒的职业，并且这可能是你的最后一个全职工作。你有点厌倦了企业生活，并没有真正准备好退休，但你不想要或不需要另外一个全职工作。你认识在董事会任职并担任知名公司顾问的人。听起来很诱人啊。

他们会怎么做呢？

成功建立组合型职业的秘诀就是要未雨绸缪，并清楚你对什么感兴趣。按照老规矩，请找到你喜欢和擅长的事物。

在退休之前的大约 12 个月内，请浏览你的联系人，并创建一个认识你并可能推荐你的人员清单。开始打电话给他们。告诉他们你正在做什么。这样可以让他们更容易帮助你。

编写一个脚本："我们暂时还没说过话。我想让你知道，我要从 X 下台，我对董事会和咨询角色感兴趣。我以为你会给我一个好建议。你知道哪些职位？你愿意推荐给我吗？"

然后，继续跟进。举办会议、咖啡座谈会和午餐；与他人对话；与更多的人交谈；保持开放的心态，同时也要关注自己的理想职位。不要太早承诺任何东西，除非它是梦寐以求的职位。探索一下吧。

推荐你董事会席位的最佳人选，就是你所在行业的同仁前辈或资深人士。其次就是猎头。打电话给你认识的人。如果你不认识他们，请列出一个大人物名单。打电话给他们，一定要跟本行业的领导干部说上话。如果可以的话，尽可能面对面地交谈。

请在你工作期最后一年建立自己的个人形象。积极参加会议，最好成为发言人。为贸易渠道撰写本行业中的热门话题。更新你的领英资料。上传一个体面的头像。更新你的简历，要专业，要严谨。

请一位职业导师。如果富有经验的专业人士指导你，那比你自己瞎捉摸容易多了。我的客户高度评价了他们的体验：

"科里是我从公共部门过渡到私营部门，并进入职业生涯的下一个阶段的宝贵合作伙伴。她直截了当地支持我，帮我分辨我想要做的事和别人想要做的事情，并推进了今天构成我职业生涯的各种契约安排。我强烈推荐她。"

——伊芙琳·法卡斯博士（美国国防前任副部长）

这样做很有必要！不要花100%的时间来做你的当前工作。事情有多重要，或者事情多么繁忙，这无关紧要。你应该增加自己的负荷能力，以便帮助他人。你需要花费至少20%的时间去开创新的职业生涯。如果没有你，他们也可以生存下去。照顾好你该照顾的人，但一定不要以失去你的未来为代价。

你会发现，遵循这一指导，你可以轻松地将自己的组合型职业转变成组合式人生，并享受其中的自由与好处。

第十章

慷慨付出，你会收获更多

本章导读：看到别人有困难就伸出援助之手，这不仅很美好，而且也很明智。广泛的人际关系有着多方面的好处，而且，做好事也有回报，只是常常以意想不到的方式回馈于你。拓展你的交际圈，你周围的人给你的回报一定比你给他们的回报更多。但重要的是，要区分过于热心帮忙和真正解决问题之间的区别。

敞开心扉：人际关系让你更健康

科学家丽莎·伯克曼和莱昂纳德·塞姆进行了著名的"1979 阿拉米达县研究"。该研究为期 9 年，研究课题是加利福尼亚州一个乡村的社会关系和死亡率之间的联系，这会成为本领域最重要和最有影响力的一项研究。

伯克曼和塞姆的发现是：在这 9 年期间，社会关系越少的人，死亡的可能性就越大。

社会关系最多者和最少者之间的死亡率比例：男性为 1∶2.3，女性为 1∶2.8。

换句话说，社会关系最少的女性，她的死亡率差不多是社会关系最多的同龄女性死亡率的 3 倍。

社会关系指数包括婚姻状态，以及与朋友和亲戚、组织会员和教会成员的接触程度。

最有趣的是，相关专家发现，社会关系和死亡率之间的关联并不依赖于身体健康、死亡年份、社会经济地位以及诸如吸烟、饮酒、肥胖或体育活动等健康习惯。换句话说，不善人际导致的死亡率远比饮酒或吸烟更严重！

"阿拉米达县研究"派生出了许多其他研究，它们前赴后继地探索和确认社会关系与身体健康之间的联系。

约翰·罗宾斯是美国著名的三一冰淇淋创办人的独生子。他却离开了冰淇淋事业，成为环境与健康问题的领导者。他还写下了《不快乐的奶牛》《美好人生》和《新世纪饮食》等杰作。

他的《健康》一书的第100页上调查了世界上最长寿的一些地区。这些地区包括：日本、中亚、拉丁美洲和高加索地区。他发现这些地区饮食的共同点就是囊括了大量全麦、水果和蔬菜，加工食品却很少，此外，他们每天都进行剧烈运动。这也没有什么好大惊小怪的。

但是，出乎意料的是，饮食和运动本身并不是长寿命的因素。相反，罗宾斯发现，个人关系和社会关系对寿命的影响非常巨大。

在所有研究的人群中，儿童和老年人在一起生活，常常是好几代同堂，他们非常重视友谊，十分重视社会共同生活。很少有人与世隔绝。

但是，这些并不是我们社会的典型现象。在英国和美国，大约1/3的65岁以上的老人都是独居。在美国，一半85岁以上的老人都是独自生活。

西方社会的孤独感在急剧上升，特别是在老年人当中，造成了破坏性的恶果。英国的光明求助热线是一个24小时呼叫中心，旨在满足老年人的基本需求：与他人联系。光明求助热线每周接收1万个电话，其中有许多电话是那些好些天都没跟他人交流的老人，或者，他们这是最后一次打来求助电话。

诗人艾米丽·迪金森将孤独描述为"无法探索的恐怖"。但是，由于越来越多的证据将孤独与身体疾病和身心憔悴联系在一起，因此，这种痛苦引起了政府和政客的关注，因为这是孤独的代价。有人认为，这是一场后果严重的瘟疫。

卡拉·佩里斯诺托博士是旧金山市加利福尼亚大学的一名老年病学专家，他曾说："孤独对健康和独立的深刻影响是全民健康的一大关键问题。"

所有这些研究的意义应该是明确的：一方面，我们看到了社会网络和个人关系的好处，另一方面，我们发现了与世隔绝的危害性。

请努力建立人际关系，无论是私人关系，还是职场人际。成为社会的一分子，不仅对你的职业生涯有好处，甚至可以挽救你的健康和生命。

领导档案：伊芙琳·法克斯博士

伊芙琳·法卡斯博士曾是美国国防部负责俄罗斯、乌克兰和欧亚大陆事务的助理部长；大西洋理事会高级研究员；全球商业战略顾问；以及美国全国广播公司（简称 NBC）的国家安全分析师。她频频出现在微软全国有线广播电视公司（简称 MSNBC）的电视节目《早安乔》中，讨论国家安全问题。她把自己生活中的许多成功归功于一个事实——她的父母来到美国谋生。

"我是匈牙利移民的长女。我是两种文化之间的纽带。相对而言，我们比大多数家乡人贫穷。例如，当《星球大战》上映时，我没有去电影院观看，因为我的父母认为，他们买不起电影票。电影票不是他们优先考虑的开支……我认为，我们一起长大的孩子，最起码应该平等相处啊。这个观念激起了我的兴趣，我有一种历史责任感，这是一种不知从哪里冒出来的感觉。我认为这归功于那些最卓越的前辈们。"她回忆道。

"我的祖父母是奥匈帝国的作家和记者。我的亲戚们曾经效力于王室，一个是帝国的财务主管，另一个拯救了皇帝的生命。他们为社会服务，表现出与众不同的自己。我从小就感觉自己属于某一群人，他们为自己的生活做了一些有意义的事情。所以，我也会在自己的生活中做一些有意义的事情。"她解释道。

伊芙琳是外交官，也是防务专家。此外，她曾是参议院武装委员会的工作人员，担任过大规模毁灭性武器恐怖主义委员会的执行主任，还是美国海军陆战队司令部和参谋学院的教授。她监督了波斯尼亚和阿富汗的选举。她出版了一本书，名为《破裂的国家和美国外交政策》，发表了大量文章，还会说好几种语言。在职业生涯的大部分时间，她不得不在短时间内争取优先考虑某些事项，并尽力消化海量信息。

　　"我列出了待办事项。首先，我要提前思考一下。我想要实现什么目标？然后，我把这个大目标分解成几个小目标。有时，我会不知所措，但现在，我可以游刃有余地处理工作中的轻重缓急了。先列出待办事项，然后毫不犹豫地请求别人提出建议或提供帮助。我一直就擅长扮演长女的角色。这也很重要。"她笑道。

　　她希望自己早点知道些什么呢？

　　她说："我希望，我早日明白，我不仅要努力工作和填写简历。我这么做，因为它至关重要。而且，还要找到一个人——因为信任你和喜欢你而扶持你的人。这就是今天所谓的'贵人'。"

　　她解释道："我成年后，我们谈论过导师，那些是你寻求建议的对象，他们都很棒。但是，那些导师可能会把你交给下一个导师，却未必给你提供下一份工作。我意识到，找到一个可以给你下一份工作的人，才是真的更有价值。"

　　当你得到一个职位的时候，你会做什么呢？伊芙琳是这么回答的：

"我曾经淡化人际关系的重要程度，也就是你与他人或老板相处的融洽度。但是，作为一个年长的专业人士，我现在已经发现，对于资深人士而言，与自己喜欢的人合作，这一点非常重要。这是他们选择合作伙伴的前提条件。"

"好人缘不是一蹴而就，因为你平时要集中精力工作，你必须非常优秀，这意味着，有时你并不和蔼可亲，有时你无法平衡人缘和工作之间的关系。但是，与他人友好相处，这一点非常重要。"她补充道。

当我们的话题延伸到媒体和公众评论的时候，她指出：

"我有一定的名气，因为我可以帮助人们解读那些费解复杂的问题，还可以清楚直接地表达自己。我想，有人会认为我是个正派人。我很诚实，但也耿直。"

谈及业余时间做什么，伊芙琳停顿了一下，想了想，笑着说道："我没有业余爱好！我该如何自我完善呢？于是，我跑步，我读小说。我和朋友出去玩，因为我真的属于外向型性格。一般来说，我每隔一天跑步一次，每次跑四五英里。而且，我也练习举重，但这并不是为了恢复活力。我长时间走路，为的是让自己的头脑保持清醒。"

你能给大家提点建议吗？

"不要舍不得花钱请高人指点。当我从政府离职的时候，我花钱聘请了一位职业导师，这个人就是您——科里，我还花钱雇了自己的律师——丹尼·豪威尔。她真的令人印象深刻，我对自己说：'好吧，你是个大女人，还雇用了大律师。你一定要干出点成绩来啊。'"她笑道。

学会交往：建立良好关系的几种方法

"我一直都喜欢介绍人们相互认识。我就是这样的人。我还喜欢把各种想法串联在一起，称之为'横向思维'。这让我开心。如果把它写进我的简历，作为一项技能，感觉有点奇怪，但这确实是一种技能啊。我很擅长这一点，我也喜欢这一点。"比利时律师萨宾·赫特维尔德说道，她就职于世界银行华盛顿特区分行。

萨宾很有名气，因为她纵横职场，擅长社交。她从不吝啬时间去建立和保持良好的人际关系。如果你去找萨宾讨论一个创意，她会向你介绍三个人，以便帮你推进自己的创意。

我们并不总是认为这是一种宝贵的技能，但它确实是。事实上，把人与人联系在一起，这是许多游说专家和咨询人士的日常工作。

但是，通常，那些擅长此道的人们，却认为这不是一门专长，不同于他们的专业技能和职业资历。

如果建立人际关系是你的技能，那么，你需要充分利用它。人际关系的建设和拓展，对于你的事业以及你的幸福感至关重要，正如我们刚才所探索的那样。使用这种技能，可以在工作中获得竞争优势，并在生活中建立自己的社交资本。

你的人际关系是社交资本的一种形式。你一直在投资和建设这种资本。它以诚信、互惠和合作为前提。

下面是建立社交资本和加强人际关系的几个方法：

1. 认真聆听。每个善于倾听的人都会从中受益。下次你和朋友或你正在试图建立关系的人聊天时，请你多听少说。如果你觉得这样做很难，请试着重复对方的收场白。例如，当同事谈论他们正在努力的项目有多困难时，如果他的收场白是："我不知道我将如何在截止日期之前完成这项工作。"你可以这样回答："你不知道你是否可以在截止日期之前完成这项工作吗？"听起来很多余，但是，你会发现，他们会继续思考这个问题，还可能会增加更多的信息。他们也会感觉到你的理解和倾听。这对你来说也很简单，而且是一个很容易养成的习惯。

2. 假设别人是好意。如果你试图与某人建立或加强关系，可他们做了某些令人厌烦的事，那么，请你充分信任对方。假设他们不是故意要惹恼你。然后，探索他们为什么要这么做，以便理解他们的内心想法。你很难找到一个早上起床后就想伤害别人或把事情搞砸的人。假设一下，我们的行为总是公正合理，那么，为什么不把这个假设延伸到别人呢？

3. 保持联系。社交网络、电子邮件和其他交流形式都变得越来越简单了。写信告诉那个人，你正在想念他。你可以与这样的人分享你的一些事情——以前在职业生涯中担任高级职务，现在已经另谋高就的人。当你看到一篇有趣的文章，是不是没想到给你的首席执行官打个电话呢？可是，他们现在已经离开公司了。你了解他们，这是保持联系的一种简单方法。每年的节日贺卡或季节照会也是一样。你不必大吹大擂自己的一切成就，只要发送一个带有照片的简短邮件就可以，让那些你喜欢却不常见的人记住你。为了减少烦琐的步骤，你可以在通讯录中直接生成信封标签。

4. 患难见真情。我们现在很难考验真正的友谊和情感。当你一切顺利时，很容易交到朋友，但是，如果你的朋友正处于困境，而且脾气暴躁，不易相处，那就是你展示自我人格的时候了。当他需要你时，你会与他保持联系吗？或者，在他最黑暗的日子里，你会随叫随到吗？我的一位前同事不幸失去了工作。他的老板强迫他离职，这个讨厌的老板也是我的老板，我还在为他打工。这位前同事说，他记得很清楚，在那个困难时期，谁支持了他，谁看望了他。后来，他的职业生涯出现了反弹，在新公司得到了重用，许多前同事请他帮忙在那家公司谋个职位。此时此刻，他总是重复着那段记忆犹新的往事。

5. 保持频繁而短暂的联系。建立社交资本的最简单的方法，就是保持频繁而短暂的联系，让友谊保鲜。如果你们一再推迟联系，那么，一旦联系上，即便没有时间，也要聊天 30 分钟或亲自见面。你可以即时发送一个电子邮件或短信，让他们知道你正在想着他们，并希望他们事业顺利。如果你只是说自己挂念他们，那么，即便你留下了问题，他们也懒得回复你。如果你送点小礼物，就会建立起联系，友谊也得以保持。就这样，一路向前。

无私奉献：施恩比受惠更有福

我曾经在以前的公司中指导一位律师，这是官方指导计划的一部分。我是通讯负责人，不经常和法律人员打交道——除非客户陷入困境，威胁可能会蔓延到公共领域。我以为我在帮他的忙，他初来乍到，在公司里没几个熟人。

但我真是大错特错！每次我们见面时，他都会针对我平常不参与的业务提出新的见解。我听到了自己不了解的某些特征和流程，并掌握了这部分业务的功能。

他也喜欢我们的对话，并发现我更多的观点和多年来收集的有用和有趣的系统知识，但我总是感觉对话的受益人是我自己。

"给予胜于索取"这个格言就是《圣经》中的"施恩比受惠更有福"改编而来，你可以在《新约圣经》中读到这句话。

这是一句广泛应用的格言，因为它适用的领域如此广泛。那些指导别人的导师们——无论是职业导师还是私人导师——都经常谈论这句格言带来的乐趣，而且人们受益的方式总是出乎意料。

我认识一位女士，她签约去指导一个少女妈妈，后者决定上大学，并完成学业。这个少女妈妈名叫卡门，她是他们家中第一个高中毕业生，更不用说大学生了。卡门发现，上大学并不是容易。她希望聘请一位了解办公时间和考试压力的导师。这位女士成了这个少女妈妈的导师。这位导师面对这个少女妈妈遭遇的障碍时，偶尔会感到不知所措，担心后者会事事纠结。情况并非如此。这个少女妈妈非常擅长自我激励及自我安排。在家人的支持下，她走上了正轨。师生俩相约每个月在当地的中国餐馆里聚餐一次。

"我一直受到卡门的鼓舞，意识到自己的生活如此轻松。我不再认为，一旦我下定了决心，就可以做任何事情，生活中没有什么可以阻挡我的。"这位导师说道。

真令人啼笑皆非。她想要鼓励和支持卡门，结果受益的却是自己。

不仅仅是付出时间可以得到好处，付出金钱也会受益匪浅。好心一定有好报，这主要体现在你在别人身上花钱而不是在自己身上花钱。助人为乐才能体验高度的幸福感。我要在此处插入一个科学术语——"亲社会行为"。似乎世界各地的人们，甚至是刚学步的孩子，都可以体验到奉献他人的温暖光辉。

科学家们认为，其原因与这样的事实有关——奉献他人的行为可以满足人类的一些核心需求，比如亲属、能力和自主权。如此，他们的身体和智力都会受益匪浅。

看看你是否适合去奉献他人。下次你给自己买东西的时候，无论是一杯咖啡、一束鲜花，还是一瓶葡萄酒，请你多买一份，然后把它送给某人。这是不由自主的善举。现在看看你做好事之后的感受如何。

圣诞节那天，我在我们当地教堂的"奉献树"上选了一颗"儿童之星"，当时的我感到特别的幸福。这是一个慈善项目，旨在确保我们镇上的贫困家庭儿童收到圣诞礼物。你会看到孩子的名字、年龄、性别以及愿望清单。上面标明了衣服和鞋子的尺寸，所以，你可以给孩子们买一些实用的东西。我发现自己真的很喜欢为孩子们购物，害怕买不到他们想要的礼物，甚至担心他们得到的礼物没有同班同学多。这不是我们城市脱贫的解决方案，但我知道，如果能够让孩子们收到礼物时的喜悦感，达到我赠送礼物时所获得的幸福感的一半，那么，结果一定是利大于弊。

这些美好的感觉一直会延伸下去。只要回想一下你为别人做的好事，或者你对别人说的好话，就可以重现奉献者的温暖光芒。试一试吧。你会惊讶，自己的感觉怎么如此好呢。

2016年，迈克尔·刘易斯在《思维解谜》（*The Undoing Project*）一书中声称，著名的以色列心理学家阿莫斯·特维斯基提出了一种社交理论：因为吝啬和慷慨都具备传染性，因为行为慷慨让自己更快乐，所以，请和慷慨大方的人在一起。

慷慨解囊，你会受益匪浅。

把握分寸：过度关心可能会变成多管闲事

你是不是喜欢"多管闲事"？你是不是向没有询问你的人提供建议？你是不是养成了主动帮他人解决问题的习惯？你是不是发现自己卷入了他人的生活中，并随着纠纷的增加而不知所措？

你可能因为"多管闲事"而深受其苦。这是一个常见的现象。你是个"暖男"或"暖女"。你很擅长做事情。你有强烈的正义感。你喜欢帮助别人。"多管闲事"让你感觉自己有用，对你而言，价值连城。这是你的天性使然。

但是，多管闲事，可以是一个优点，也可以是一个弱点。

我有一个好朋友，她是兄弟姐妹们公认的"暖女"。她喜欢召集大家参加家庭聚会。她经常在自己的房子里招待亲人。她经常打电话给波士顿的父母，以及纽约和西海岸的兄弟姐妹。她总是记得亲人的生日和毕业典礼。随着父母年龄的增长，她所承担的责任越来越大。

她的父母多次住院，频繁进出于医生办公室。他们需要她浏览医疗保健系统，管理处方和预约，花钱雇用护理人员。而且，他们很快搬到了配有老年人辅助设施的地方。

其他的兄弟姐妹没有和父母住在一个城镇里，从理论上讲，照顾父母的责任落在她的身上是不公平的。但是，大家都默认她会挑起重担。后来，她变得易怒，因为她每天都要进行辛苦的工作和繁重的家务。

她认为，这些是她必须承担的任务，如果没有完成，父母就会受苦，她不想这样做，因为她深爱着自己的父母。

你们可能不会遇到这样的问题，如果你们没有这样的困惑，请跳过这段内容。但是，如果你们认为自己在困难面前可以承受更多的压力，请退一步想想，问题是不是在于你自己。

"我以前认为，她只是自顾不暇而已。但我现在意识到，事情越来越严重了。有人总是迫切地需要她。坏事发生的时候，别人不会出现，于是，她只好来填补这个空白。我已经不再依赖她。如果我计划与她见面，我总是会想一个补救措施，以防万一她取消约会。我非常不愿意推荐她上班，因为她也会放客户的鸽子。"

这是英国广告执行官曾经告诉我的事情，故事的主角是我们共同的同事。我们花了两年的时间才意识到，无论什么原因，当这位朋友的友谊、生活质量和职业生涯受到伤害时，她都会被卷入那些折磨人的家庭剧当中，还需要帮助其他亲人。

这就是关键所在。如果你喜欢拯救他人和解决每个问题，还可以保持与自己所爱之人的关系，让自己的事业或职业走上正轨，那么，你太伟大了。绝对是超人。

但是，如果你像我的这位朋友一样，因为过分地帮助别人，反而不幸失去了工作，还危及自己的社会关系，那么，也许是时候仔细想一想了。

看看下面的陈述中有多少适用于你：

1. 在家里出问题的时候，我总是请假回来处理。

2. 在照顾家人方面，我比兄弟姐妹们做得更多。

3. 我从来不曾拒绝任何一个请我帮忙的朋友。

4. 我经常不得不因为意料之外的个人事件而重新安排自己的日程。

5. 通过电子邮件讨论问题时，我总是最后一个回应。

6. 人们有时会忘记我说过的话——我要为他们做点什么。

在上述句子中，如果有 3 个以上适用于你，那么，你可能会遭受"多管闲事"的困扰。这很常见，通常与自我控制的潜在问题有关。这很容易识别，但很难完善处理。

下面是 3 个温馨提示，可以帮你停止多管闲事之举：

1. 当别人请你帮忙时，请在 24 小时之后答复。

2. 请问对方，他们认为自己应该做什么。

3. 你说自己无法帮忙，然后看看会发生什么。

温馨提示：不要把这套方法用在你的老板身上。这只适用于所谓的个人紧急请求时刻。

你要坚持实践，并努力克服这种痛苦，让自己从中解脱出来，给自己更多的机会去专注于真正重要的事情，以及你想要在自己的生活中实现的事情。

终生学习：让我们终生学习，终生利他！

"如果你不学习，你就不会成长。"这是前任导师告诉我的道理。他完全致力于终身学习，自我重塑，对世界和人类有着无限的好奇心。

学习比我们想象的更重要。我们都读过这样的文章——告诉我们保持大脑活跃的重要性。但是，当漫长的一天结束时，我们多么渴望舒服地躺在沙发里看电影视频呢？

这个数据非常强大，结果也很有趣。事实证明，我们需要面对挑战，以便随着年龄的增长而保持头脑灵活。

如果你环顾四周，你会看到老年人心智能力的巨大变化。有些人经历了健忘和失去了注意力的普遍过程，而其他人则依然锐意进取，充满挑战。

这些人的心态可以与年轻很多的人相媲美，因此被称为"超级老者"。他们是美国东北大学丽莎·费尔德曼·巴雷特的研究对象。研究表明，超级老者的大脑"中枢"负责情感、语言和压力等众多功能，厚度远远超过了其他同龄人。这个厚度形成的原因就是，他们的大脑正在努力工作。

费尔德曼·巴雷特和她的同事们发现，超级老者们经常遭遇身体上和精神上的挑战。他们从事剧烈的运动和艰苦的脑力劳动。就这样，他们成功抵达了快乐巅峰。

当然，我们遇到的困难是，脑力劳动的过程十分艰辛，很难坚持下去。但是，研究表明，支撑不下去的时候，就是脑力劳动发挥作用的时刻，因此，我们必须坚持下去，并做出更多的努力。

我们的文化背景决定了我们喜欢逃避痛苦和寻求快乐。我们不是延迟享乐的狂徒。但是，在这种情况下经历的痛苦，实际上对我们的终身健康有所帮助。如果不常用脑，我们的脑组织就会越变越薄。

学习新东西，进行自我挑战，并锻炼自己的体魄，完善自己的精神，这就是"更健康地衰老"和"更充实地生活"的关键因素。锻炼大脑，可以让你的大脑保持良好的状态。我们的大脑与我们身体的其他部位一样，都需要锻炼。这种锻炼开始得越早越好。

为了挑战自己，你可以参与无数的活动。简单的九宫格游戏就不要玩了，找一些真正挑战大脑的活动吧。比如，尝试一项新的体育运动；学一门外语；报名参加大学课程；掌握一种乐器。

你要积极实践，聘请一名职业导师，或者参加一个俱乐部，让自己更好地坚持下去，努力学习，不断进步。让你的大脑运转起来吧！

第十一章

挑战自我，迎接新的生活

本章导读：较之现在的工作，你为什么不去做那些付出更多、趣味更多、耗时更少的事情呢？这似乎不可能，但也许可以做到。你可以去追求真正重大的职位。为什么不呢？它有多难呢？现在担任此要职的人也是一个凡人。把你的目光放在难以想象的地方，这将带给你动力，助你改变现状和实现自己的目标。

向上攀登：你值得拥有更高的职位

当你跟那些拥有一份好工作的人交谈时，他们常常会说，他们在担此重任之前，并不确定自己可以做好。

"当你往上看的时候，总是会想，'他们有什么我没有的东西呢？'其实没有。可能只是经验和信心吧。"英国央行执行董事珍妮·斯科特说道。

如果你有经验，为什么不申请这个高级职位呢？你很快就会发现，别人是否相信你可以胜任这份工作。如果他们认为你不能胜任，那你就得不到这个职位。如果你质疑自己的能力，为什么不去信任别人呢？相信他们可以做出正确的判断。

有一位前同事得到了老板的赏识，老板想让她担任更高级的职务。她却推诿了。她无法想象承担更多的责任。她要带孩子，一周工作4天，她喜欢这样的现状。目前的工作要求很高，但也有趣。她真的不想做任何改变。

老板却坚持要重用她，并表示相信她一周工作4天就能完成本职工作。他以为她是最适合这个职位的人，希望她抓住这个机会。她却依然在犹豫。

她感到受宠若惊，但是，当她看到自己就要和新同事为伍时，却十分沮丧。那些都是她尊敬的人，一直比她职位高的人，现在却要成为她的同事吗？

但是，老板固执己见，还给了她很多时间去考虑，在几番鼓励之后，他终于说服了她，她决定放手一搏。

一切进展顺利。真是太顺利了。事实上，几年后，她又得到了提拔，并担任了新的首席执行官。她一直保持着一周工作 4 天的习惯。

很多年前，一位好朋友给了我一些非常有用的建议。她说，这个工作似乎令人生畏和太过艰巨，但是，万事开头难，以后会越来越容易的。第一个星期或第一个月是最艰难的日子，以后就会逐渐变得容易。第二个星期会少一点困难，第二个月会比第一个月容易一些，如此类推。

这就好比一种物理法则，不可能无限期地保持新鲜。根据定义，任何事情都会变得越来越熟悉和简单。

显而易见，当你获得更高职位时，你会发现，你以前望尘莫及的同事也是普通人。这是我的前同事如愿以偿地成为高级职员时发现的事实。她甚至发现，其中有些人没有像她所说的那么有才华。她越接近这些人，他们的弱点和缺点就越明显，她意识到自己与那些人的区别真是微乎其微。

通常情况下，当你在组织中担任高级职务的时候，就会看到很多糟糕的事情，真是大开眼界，与你作为旁观者的感觉格格不入。如果你总是认为，生活中会出现更加聪明的人，他们可以做出更明智的决策，那么，当你发现事实并非如此，你要付出很多才能让事情好转的时候，你一定会大吃一惊的。

也许这就是他们雇佣你的原因吧？

领导档案：珍妮·斯科特

珍妮·斯科特是英国央行的执行董事，负责该行所有的外部沟通事宜，并担任央行总裁马克·卡尼的顾问。她在央行工作的时间恰好就是全球金融最动荡的几年，包括全球金融危机，随后的欧元区危机，以及最近的英国脱欧事件。

珍妮的职业生涯开始于英国央行，随后在路透社和英国广播公司电视台从事新闻工作，2008 年，她又返回央行。

"对于我而言，职业生涯中最大的制胜法则和力挽狂澜的东西就是信心。这就是我希望自己早日明白的真理，我可以做到这一点。在某种程度上，我明白这一点，但我认为，还有我不知道的秘密成分，或者，肯定有比这更多的东西。"她回忆道。

"做出承诺的时候，最好留有余地，然后出色完成任务——这一直是我的口头禅，虽然其中也有一点不足之处，因为我天生缺乏安全感和自信心。不过，我还可以选择一种比较成熟的方法，那就是担任公仆型领导，保持谦卑的性格，但不是虚假的谦卑或谦虚。"她解释道。

"当我观察别人的时候，就已经认识到这一点了，而且我认为，它的影响力巨大。它就是赋予他人力量的权力。"她说道。

"我已经意识到自己年事已高。对我来说，重要的是，做事要更加深思熟虑。我的意思是说，这是整个人生，而不只是一项事业。生活总是很忙碌，人生中总是有些时刻，你会忙得不可开交，总是被一些事情所羁绊。我认为，我们需要停下来进行判断和思考。只有深思熟虑和从容不迫，才会受益良多。"她解释道。

当然，她也承认自己并不总是很了解自己想要做的事情。

"我从来没有精心计划过。我知道，我真的很喜欢经济学，但那只是我的想法而已。我从来没有深思熟虑过。我从来没有想过要成为经济记者或驻地记者，也从来不曾奢望自己会成功。天哪，不，"她大笑道，"我认为自己根本不是那样的。部分原因是因为我的身边都是一些在许多方面都比我更成功的人士。"她补充道。

　　那么，她对成功的定义是什么呢？

　　"成功显然不是意味着你的工资有多高，或者有多少人向你报告工作，也不是你的办公室有多大。对我来说，这是一个过时而又肤浅的定义。更重要的是要达到恰如其分的平衡。你要善于挑战自己，但不要紧张兮兮。你要忙碌，但不要耗尽自己的能量。你要拥有一份充实的工作，但不代表你没有私人生活。如果你有孩子，那就多陪陪欢蹦乱跳、无忧无虑的孩子们吧。如此，你的平衡没有遭遇任何破坏。你正在尽力让自己的能力发挥到极致，同时也在滋养你自己。"她说。

　　珍妮与迈克结婚，并有两个6岁的女儿，这两个小女孩是这对夫妇于2011年从俄罗斯领养来的。

　　"对我来说，幸福就像成功和金钱一样。它需要你去做正确的事情，它是人生中的副产品。我和别人一样，当然不会总是不惜一切代价去获得幸福。"

　　珍妮是如何处理如此庞大的组合型职业的呢？她说了两个关键点："首先，我有一个出色的助理——莎拉。我们彼此很合拍。我毫无保留地相信她。因为她能解读我的需要。我们已经在一起工作很久了。作为补偿，我努力提供给她有趣的工作和尽可能多的责任，那也是她想要的。其次，我有比你们更好的副手！我的两个主管都很出色。我们有着共同的愿景。我们都赞成我们正在努力实现的目标，我们都在遵循实现目标的既定原则。"她解释道。

她指出："对我来说，还有一件重要的事——我做的是兼职工作，每周工作4天。现实情况是，我从早到晚都在工作，但是，这让我可以稍稍掌控自己的生活，还有能力在当天完成其他一些事情，如此提升了我的平衡感。"

此外，她闲暇时喜欢和家人一起度过，还喜欢锻炼身体，以此来恢复体力和活力。

"锻炼身体对我很重要。我骑自行车上班，有时，周末也骑自行车。如果我不经常锻炼身体，我就会变得有点失控。我最近开始上网球课。"她告诉我。

"我最近看到一部关于人类衰老的纪录片，叙述人已经75岁了，还在打网球，我想，这就是我需要做的。这是一场社交运动。我正在学习一项新技能，还进行些许锻炼，真是妙趣横生。我真的很享受。"她笑容可掬地补充道。

深入调查：不做没有把握的事

下面介绍一种方法，可以确定你是否准备好了职业生涯的一次重大进步——那就是"查看敌情"，也就是调查竞争市场，看看你是否赶得上那些已经获得你梦寐以求的职位的人。

调查竞争市场的最简单方法就是申请更高的职位，看看会发生什么。

赶快掸去你简历上的灰尘，找一个可靠的朋友把把关，然后去申请更高的职位吧。不要总是把目光局限在自己的家乡，你可以在《经济学家》等刊物上寻找适合的职位，在线申请大型组织和公司的职位。如果你的目的是为了适应市场，而不是马上就跳槽，那你最好做进一步调查。人们不太可能会认识你，你现在的雇主也不大可能发现你正在盯着其他公司。例如，你现在不能在领英上发布此类求职信息。

如果你被叫去面试，请你尽力而为，看看他们是否愿意把你调剂到下一轮面试中。此外，如果你对该职位不是真的感兴趣，那就撤离吧。

警告： 不要哄骗雇主。如果你无意于获得那个职位，请不要接受前两次面试。入围候选人，并获得一份工作，这是一种荣幸，但是，如果你无意于获得这份工作，那么，浪费雇主的时间和精力，这是非常不尊重的表现。这也会让你的声誉受到损害。

许多职位都是通过招聘专员，也就是猎头找到的。你应该认识几个招聘专员，并不定期地联系他们。他们倾向于留在自己的行业，但会从一个公司跳槽到另一个公司，所以，你有必要跟他们保持联系。

招聘专员的工作目的就是达成交易，他们对你很少或根本不感兴趣，除非你符合目前的招聘职位。这就是你需要申请空缺职位的原因。你想要见到他们或与他们说话，并建立联系，以便将来他们把你写进自己的联络簿（我们还可以这么称呼吗）。当一个新的职位出现时，他们会梳理自己的联络簿，寻找潜在的候选人，那就是他们发现你的地方！

申请空缺的职位，看看你是否可以有幸去面试，这包括下面一系列的流程：

1. 刷新你的简历，并更新你的工作经验。

2. 走出自己的小圈子，到自己公司之外的地方去寻找机会。

3. 总有一天，你会了解自己的市场价值。

4. 你还可以将自己的实际工资与市场平均薪酬进行比较，看看你是否获得了公平待遇。

想知道自己是否已经准备好获得更高的职位，还有一个方法——与已经获得这些高级职位的人们交谈。请求与你的公司、你的朋友和邻居中的资深人员交谈 30 分钟，看看他们做的工作和实现目标的途径。

如果你说羡慕他们，并且正在努力更好地理解高级职位的工作要求，大多数人都会很高兴。邀请他们喝咖啡，并仔细聆听他们的教诲。

你可以这样问他们：

1. 你认为自己为什么在职业生涯中取得如此成功？

2. 导致成功的人物、事件或决定有哪些？

3. 你可以完成大量工作的秘诀是什么？

4. 你希望自己早点在生活中发现什么？

如果你已经在贵公司工作了很长时间，那么，你需要检查这是否符合你的职业发展。我注意到了这样一个现象：有些人在组织中"健康成长"，这意味着，他们加入时还处于初级或中级水准，并在同一组织中度过了最具塑造性的几年职业生涯。

即便他们进步不小，也不可能像在不同公司之间窜来窜去那样飞跃进步。但这未必是坏事。如果你喜欢自己的工作，你的同事和工作也妙趣横生，让你受益匪浅，那么，就有很多理由让你留在某个地方，即便进步不快也无妨。

问题在于，如果你的同事或高管仍然把你看成刚进公司的低级员工。那么，请你相信自己的判断，不要像他们那样小看你自己。

这在女性身上尤为常见。她们的同事依然把她们看作 10 年前刚进公司的样子——尽管她们在过去几年积累了相当多的经验和技能。很多时候，女性自己并没有意识到自己的递增价值，因为她们发现，同事对自己看法并不准确。

这就是为什么接受外部市场的检测会如此有价值。直到接受市场检测之后，你才会知道自己的真正价值！

榜样力量：激发你的潜能

我们在上文中已经谈论了支持者和导师，以及二者之间的区别。支持者可以给你一个实实在在的新职位，把你带入其他公司。导师却只能鼓励你，并给你一些好建议。

"行为榜样"则提供了另一种形式的灵感和想法。

根据韦伯斯特大辞典，行为榜样的定义是"树立了与自己角色相匹配的价值观、态度和行为的好榜样的人。例如，父亲是儿子的行为榜样。行为榜样也可以是这样的人——深受他人欣赏并效仿的卓越之人"。

当你与成功人士交谈时，他们会经常谈论自己的行为榜样。通常，那个榜样就是他们的父母或第一任老板。很多时候，榜样人物并没有模仿他们的后生们那样成功。

亚当·布莱恩特在《纽约时报》每周都有一个名为《角落办公室》的专栏，他在这里为美国各地的公司和非营利地区的领导人写传略。这里有一个反复出现的主题——许多领导人的榜样来自于父母的重要影响。该专栏值得一读，可以帮你获得职业启迪，并看到不同领导人的多元化榜样。

20世纪90年代中期，我与纳菲丝·萨迪博士在一起共事，她是一位巴基斯坦医生，还是联合国人口活动基金会生殖健康中心负责人。她也是该机构中胆识过人的成功领导人，87岁时仍然担任联合国秘书长特别顾问。

纳菲丝认为，父亲对她的事业有着重要的影响，因为父亲的支持和鼓励，她得到了良好的教育。对于在印度和巴基斯坦长大的中产阶级女孩来说，这不是常态。因为婚姻和家庭才是她们追求的最终归宿。纳菲丝却独树一帜，她坚持自己的医生生涯，最终领导了一个联合国机构，重塑了计划生育的全球论坛，捍卫了妇女和儿童的家庭权益。

你可能不会那么幸运，很小的时候就有一个人鼓励你发挥自身的潜力。我想起了自己最近遇到的一位年近花甲的老大爷，他告诉我，他没有自己的行为榜样或人生导师，因为他早年丧父，因此不习惯别人给他建议。他羡慕那些喜欢寻求别人建议的同事。我想，他从来没有考虑过，那些同事的父亲也许会提出不好的建议或根本不会提建议，但他们依然坚持去寻找自己的人生导师。

无论你是否与你羡慕的人一起长大，还是与鼓励你的人一起生活，你都会有很多途径去寻找值得尊重的人物作为自己的榜样。下面是一些建议：

1. 阅读名人传记。注意他们的独特品质。寻找促使他们成功的独特行为。如果你喜欢历史，请马上回到书本，阅读名人的一生故事。如果你想要一些与现代生活有共鸣的东西，那么，在最近的商业和公共生活的领袖传记中，你会一饱眼福。

2. 寻找职场上的行为榜样。谁把事情安排得井井有条？谁是成功的专业人士，还过着体面人的生活？

3. 看看你的邻居和朋友。你的榜样可以不是行业巨头或前国家元首。进一步了解你的朋友和邻居的专业成果。你可能会对他们的出色表现感到惊讶。

如果你可以花时间与潜在的榜样人物在一起，那就好多了。询问他们的人生哲学或最重要的价值观。他们珍爱的是什么？他们认为，促成自己生活和成功的习惯是什么？

请在自己的桌子上贴一张榜样人物的照片。如此便有了一个视觉提示，那个激励你的人已经偷偷溜进了你的潜意识当中。

我是西奥多·罗斯福的忠实粉丝。我把他的照片和他的文章《竞技场上的斗士》贴在了我家的冰箱上，《竞技场上的斗士》摘自他最著名的演说《共和国的公民》。这篇文章赞美人们采取行动，努力实现自己的目标，而不是站在旁观者的立场上吹毛求疵和事后批评。他强调，不要做"令人扫兴的胆小鬼"。我不必每次打开冰箱取牛奶的时候都要阅读这篇演说词，但我相信，罗斯福的形象和言论可以鼓励我奋发向上。

另辟蹊径：创业也是不错的选择

在我看来，追随创业精神召唤的人，就是最勇敢的人。我承认，作为一名企业家，我也有自己的偏见。

2008 年全球金融危机爆发后的几年里，创业精神正在崛起。

全球约有 12% 的劳动适龄人口，即 3.2 亿人，在"20 国集团"中从事早期创业活动。其中，中国和印度占有很大比例。由于金融危机，美国的创业活动正在慢慢夺回失去的阵地，但新兴企业的创业速度在危机爆发前已经放缓。

根据美国人口普查局的统计，在 20 世纪 80 年代的大部分时间里，不到一年的私有公司的市场份额为 12%。自从 2010 年以来，已经下降到了8% 左右。而且还在呈现下降趋势。截止数据是 2014 年，已经下滑到了历史第二低。在初创企业工作的员工比例也在下降，私营部门就业率从 4%下降到了 2%。

这个坏消息并不能劝阻那些想要通过自己的努力打造一片天地的人。它也可能无法覆盖日益增长的"零工经济"，零工经济的组成人员是自由职业者或个体工作者。如果这些人不注册公司，他们的业绩可能会进入数据盲区。

创业精神的诱惑是强大的，虽然许多人认为，实际上，只有一小部分人会如此努力地建立自己的企业。

企业家有几种基本模式。经典的模式包括：设立一个企业，以满足确定的需求；雇用人员来帮助生产和销售产品或服务。通常的目标是：

尽可能地扩大业务，然后将其出售或交给家庭成员。

此外，你还可以选择做个体企业家，这往往需要你兼职顾问。这种模式依赖于个人技能，因为个体企业家没有员工，尽管有时也可以外包一些任务。在这种模式中，没有员工需要支付工资，没有什么可以卖给别人。当个体企业家停止工作时，业务就会消失。

所谓的顾问，位于"零工经济"的高端——较之"自由职业者"或"承包商"，描述成"企业家"更为准确。

尽管统计数字很悲观，但还有很多人愿意完成这一飞跃。最大的吸引力就是自由和自主权，以及比工薪阶层赚取更多的钱。虽然有更多的风险，但也有更多的回报机会。

"拥抱创业"意味着拥抱风险、模糊性和不确定性。它需要弹性、承诺和锲而不舍的执着。少数创业人士具备这些特点。创业比金钱更有意义。

"预测未来的最佳方法就是开创未来。"——彼得·德鲁克

如果你正在考虑创业，那么，请遵守以下5点：

1. 才能——你要拥有自己的才干，并善于向别人证明其价值。

2. 市场——没有建立市场，就不可能检测市场。人们可以成立小组来讨论任何事情，尽你所能去进行尽职调查。如果你的市场上还有别人，请与他们对话。

3. 激情——根据定义，创业精神不仅仅是每天上班。你必须每天都争分夺秒，真正致力于自己的成功。

4. 支持——这包括财务支持和情感支持，但是，情感支持最为重要。

当你失望的时候，你需要完全信任你的人在你身边支持和帮助你。

5. 压力——对企业家而言，最糟糕的障碍可能就是一个庞大、宽松、安全的环境。如果你没有发放工资或抵押贷款的压力，那就很难激发你真正的动力。

产生蜕变：一旦开始尝试，人生就会改变

牛顿第一运动定律有时被称为惯性定律：一切物体在没有受到力的作用时，总保持静止状态或匀速直线运动状态。

这就意味着，物体往往会继续做自己正在做的事情。这意味着，物体具备抵抗运动状态变化的自然趋势。这就是为什么它也叫惯性定律。如果一个物体什么都不做，那么，它将会继续不做任何事情，直到外力迫使它改变状态为止。

这也适用于我们的生活！想一想吧。当你受到环境和外力迫使的时候，就会更容易做出改变。想想那些患有心脏病，并决定拥抱健康饮食和运动的人吧，他们以前从来没有这样做过吧。你还可以想想失去工作的人，他们不喜欢工作，却被迫去寻找不同的工作。

牛顿第一定律第一要点就是，物体需要一个外力来使其摆脱当前情况的惯性。第二要点也一样耐人寻味。运动中的物体将保持运动，除非受到另一物体的影响。那就是动能守恒定律。如果我们正在匀速运动，那么，我们可以一直前进，直到受到某些东西的阻止。

这对我们在生活中想要达到的目标产生了影响。如果我们让自己动起来，并培养良好的习惯，那么，我们应该能够继续运动下去。我们现

在可能会随时被淘汰出局，但是，牛顿定律告诉我们，当一件事情开始时加以阻止，也许很难。但在一件事情的进展途中加以阻止，那就更难了。

在这方面，还有一条至理名言——推动 3 个物体前行 1 英里，也许很难。推动 10 个物体前进 1 英寸，那就更难了。[①]

在估计自己的意志力时，我们往往会过于乐观。这就是为什么新年计划和减肥方法很少发挥作用。我们旨在做得更好的事情——少吃点，多省点，去健身房，等等——但这降低了我们做出任何改变的能力。

选择你想改善的 3 件事情，给自己一段合理的时间去完成这些事情，并养成一个习惯。一个新习惯的养成大约需要 21 天的时间。

一旦开始创业，你就会拥有支持和动力，还有继续前进的更多机会。

现在，请记下你最想改变的 3 件事情，并考虑这些物理学法则对你的好处。你会惊讶于自己的卓越成果。

---

① 虽然 1 英里长于 1 英寸，但在前行 1 英里的途中，惯性可以帮大忙。——译者注

第十二章

随时调整，沿着正确的道路前行

本章导读：当你步入正轨，开始创造自己真正渴望的生活和事业时，你就要经常设置转折点和支撑力。请提前制定计划。就像比赛当天的运动员一样，你会看到前面的标记，知道前面不远处的动态。请留出一点反思的时间，看一看你取得的进步，然后根据需要进行调整，并尽情享受。你正在做自己真正想要做的事情，因此，你的生活丰富而美好。

保持动力：学会给自己加油鼓劲保持动力

假设一下，你已经开始在自己的生活中做出改变，并且朝着正确的方向前进。你已经设定了一些目标，并且正在努力实现这些目标。你已经不再努力寻找"工作与生活的平衡"，这是一个荒谬的概念——如果在某个地方摇摆不定，那就一定会落荒而逃。

相反，你把自己的生活看成一个整体，一种很棒的生活方式，而不是两种相互冲突的生活模式。

你拥有向前的动力。你正在尝试享受当下的旅程。尽管脑海中总是冒出一个声音——"你要做什么才能开心……"，你却可以做到听而不闻。

你如何保持这种势头？

艾萨克·牛顿告诉我们，事情一旦开始，就很难停止。那么，你如何保持下去，并摆脱困扰你的障碍，从而恢复元气呢？

下面给大家提几点建议：

1. 沉思：意识到自己头脑中的焦虑情绪，并知道这些情绪正在破坏你的决心。你对思维发生的影响越有意识，就越能保持稳定心态。稳定心态就是这些焦虑思想的良好解药。任其自然，它们就会恶化和成长。就像有一只喝醉的猴子躲在了你的大脑里，你需要退一步去关注自己的焦虑情绪。它们不是你自己。它们只是你的情绪而已。它们可以来去自由。

2. 祈祷：如果你有宗教信仰，但尚未养成每天早晨祷告的习惯，那么，你就要设法每天都练习祷告仪式。它将为你的生活定下基调。你做的越是频繁和常规，当你感到不安或焦虑时，你注意到的事情就越多。让信仰的力量指引你去穿越更加困难的人生阶段吧。

3. 超凡脱俗：当你抬头看向日常生活，有意识地想要提升自己的精神境界时，请培养自己的超脱气质。你可以在很多非宗教场所表现得超凡脱俗。例如，与别人一起哼唱歌谣，既舒适又健康。这就是超凡脱俗。你只需要寻找体验它的机会。

4. 走进大自然：接近自然界，可以找到超凡脱俗的好方法。无论天气如何，你都会体会到大自然之美。早晨散步时，请注意聆听大自然的声音。抬头看看那些我们平常看不到的东西。记得不要带手机。

5. 锻炼身体：那些内啡肽不仅对你的身体有好处，也有益于你的精神。每天锻炼身体会有助于保持身体健康，你可以继续坚持下去。

6. 写日志：写日志可以帮助你走上正轨，并保持良好的势头。请注意你要感恩的是什么，什么进展顺利，你已经完成了什么。这可能比你想象的要多——即使这不全是你想要的东西。当你感到悲伤或心碎的时候，写日志就是驱逐忧伤的一种好办法。回顾日记中的那些点点滴滴，可以提醒你——那些难过的心情和处境已经成为过眼云烟。

奖励自己：奖赏激发动力

作为一种文化，我们往往对自己很苛刻。我们认为，我们只有尝试更难的事情，才会获得如愿以偿的结果。艰苦的工作是必要的，我们已经在本书的前文中探讨了努力和习惯的价值。不过，我们依然可以停下来休息一下，找时间犒劳一下自己。

下面是我们这么做的几点原因：

1. 持续不懈的努力，没有休息和奖励，久而久之，就会导致收益递减。实际上，你正在击垮你自己。

2. 休息和反思会导致我们一些最有成效和创造性的时刻。这就是人们总是谈论在淋浴中可以产生好创意的原因。

3. 这对你周围的人真的很苛刻。如果你不断地对自己苛刻，那么，你正在向自己的团队和家人发送什么信号呢？

我认识一位高管，他每周都会"安息"一下，想想自己的生活和事业。星期五下午，没有任何会议或电话的时候，他会安排两个小时的休息时间。他关上门，坐下来反思这一周以来发生的事情——他完成了什么，他没有完成什么。无论他是否在场或意识到，他都会考虑那一周的自己表现如何，是不是一个好老板、好朋友，等等。

如果你在工作日内无法做到这一点，请在周末找点时间去搞定它，也许是在星期六或星期天的清晨，在新的一天即将开始之际，你可以思考过去一周过得怎样，你对未来的一周有何憧憬。心无旁骛的冥想，可以萌生非凡的见解。请随手携带一张纸或一本日记，以便捕捉那一瞬间的有用想法。

我培训过的一名客户曾经对我说："如果我花了很多时间，对自己所关心的事情做出了很大的努力，还一直担心和思考，那么，我会变得更加优秀。我花了太多时间去关注自己内心的思潮澎湃，却很少甚至根本没有展示出来。"

你可以使用一个奖励体系去保持自己的动力和正确方向，而且不只是与宠物和孩子有关。奖励是鼓励自己的心理工具，这一点无可非议。

当你计划自己的一周或一天时，请想想如何奖励自己——因为完成了任务或开启了艰难的项目。在一端记下你的任务，在另一端记下你的奖励。完成任务之后，你也可以在日历上标注一下。

请看下面的两个表格：

任务	奖励
战略性备忘录	咖啡
与表现不好的人交谈	散步
做费力的工作	鲜果奶昔

任务	奖励
上午9：00：战略性备忘录	上午10：00：咖啡
上午10：30：与表现不好的人交谈	上午11：30：散步
下午4：00：做费力的工作	下午5：00：鲜果奶昔

这里的一些任务可能就是奖励，反之则亦然。但是，你要弄清楚自己在拖延什么，安排一些时间去做那些事，然后计划奖励事项。因为有奖励在前面向你招手，所以，你会更加积极地去完成任务。提前计划可以提醒你适时犒劳一下自己，养成既要辛苦工作又要奖励自己的好习惯，形成一个激励自己的良性循环。

练习：列出你想要完成或需要开始的待办事项。列出你最喜欢的几种待遇和奖励。然后按比例配对。如果

完成了主要事项，你可以晚上出去玩耍或享受按摩服务。如果清理了衣柜或起草了一份简短的备忘录，你可以安静地喝一杯美味的咖啡。

经常反思：始终保持理性

动机有两种形式——外在动机和内在动机。外在动机是指，你做某事是为了获得外部回报或者避免消极后果。例如，在一家餐厅，你点鱼，不点牛排，因为你知道，鱼对你的身体更有利。内在动机是指，你做某事是为了你自己，因为你喜欢它或发现它有趣。你点了鱼，因为你喜欢鱼。

心理学家会认为，内在动机"更好"，因为它是天生的，不依赖于外界因素，而且很适宜、很实在。从某种程度上讲，确实如此，但是，外在动机可以通过实践而变成内在动机。

想一想我们身边的例子吧：如果你一直点鱼，因为它对你的身体更有利，你开始感觉更好，或者你的气色更好，那么，你选择它的动机可能会转为内在动机。我想要鱼，因为我喜欢吃鱼之后的美好感觉。

你可以反思一下，搞清楚自己的动机到底是什么，看看哪些可能会从外在动机转变成内在动机。

反思也是激发你的动力、检查你的目标进展、创造你想要的生活的强大工具。当你停下来进行反思的时候，下面的问题可供你自我提问：

1. 本周、本月或本年度，我最大的三个目标是什么？

2. 如果满分是 10 分，我给这些目标打几分？

3. 我需要谁来支持这些目标？

4. 我培养了什么新习惯？

5. 我还需要改进什么习惯？

写下你的答案，然后制作一个日历备注，一个月、六个月或更长时间之后再回头来检验一下。反思自己的责任，可以加强自己的责任感，并将其从白日梦和冥想转变成一个具有目标和转折点的人生计划。

我曾经培训过一位客户，她以前是政府高官，最近跳槽到了一家私营企业。有一天夜晚，她独自一人思考未来。她想象自己正在带领一个高级管理团队，选择一个不错的位置，进行一场远程遥控会议，讨论公司的战略和方向。她现在的处境是，没有额外的宾客和不错的位置。她必须专注于眼前的问题和长期的规划。她的目标是顺利度过过渡时期。她正在建设一个组合型职业生涯，最近与一家大型广播公司签订了一份合同，还获得了很多她需要考虑的其他建议。

她说，那一夜的通宵思考是非常值得的。她从来没有强迫自己花时间去考虑自己在生活中的位置。她放松身心，享受一些美食和运动。她说，这就像一个小型企业的撤退，但对于她的生活来说，这不是正事。在某种程度上，她很惊讶，虽然她已经在自己的职业生涯中投入了许多时间，以便规划自己所在机构的未来，但她从来没有规划过自己的未来。

坚持梦想：不要理会流言蜚语

不是每个人都会乐意改变自己的生活。你的生活中有很多人喜欢顺其自然。你是什么样，就是什么样。

即便是那些喜欢你，并相信自己是为你着想的人，也往往是下意识地投资于你，因为你是他们认识的人，而不是陌生人。

如果你想创造自己想要的生活，那就必须阻止他们的抱怨声。

勇敢选择：活出属于自己的精彩！

当你开始创造自己想要的生活，请你尽可能多地支持和武装自己。你务必尽力让自己更容易迈向成功。你务必要接受盼望你成功的智者的忠告。培养习惯和养成惯例，让自己更轻松地创造动力，减少对意志力的依赖。抽时间去反思反省、恢复精力和休息整顿。请与志同道合的人在一起。勇敢地把握自己的人生，并按照自己的意志去生活。有意识地选择有趣的人生，并享受这个过程，哪怕荆棘丛生也在所不辞。人的一生只有一次，错过了就没有回头路。你为什么不让自己的人生变得有趣和有益呢？

当你勇往直前的时候，请留意我接下来的新作：《未来的公司：动荡时期的领导力》和《组合式人生：从企业高管层到董事会的过渡》。

鸣　谢

　　本书的问世要归功于众多朋友的支持和帮助。感谢艾伦·韦斯和他的无敌顾问团，给了我创作本书的灵感，让我感受到了慷慨、善良和满足。感谢一直以来都在影响我的人，他们是：罗伯特和罗莎琳德·弗里茨、保罗·斯佩恩、迈克尔·诺兰，以及我在谢帕德莫斯科有限公司的朋友——布鲁斯·牟兹、丽莎·考普，以及国际金融公司和世界银行的所有朋友和同仁。感谢马歇尔·戈德史密斯、莉丝贝特·利特菲尔德、布鲁斯·麦纳姆、珍妮·斯科特、拉尔斯·特内尔和伊丽莎白·巴斯克斯，他们在百忙之中接受我的采访，为书中的《领导档案》专栏做出了贡献。

　　感谢我的闺蜜们，如果没有她们，我的生活会变得一团糟。她们是：凯特里奥娜·帕默、卡洛琳·萨金特、卡洛琳·戈尔迪、丽莎·格林曼、塔尼亚·芭诺缇、海伦·拉夫曼、奥尔加·哈林顿、德莎·康林、卡洛琳·罗布、卡洛琳·菲格雷多、阿曼达·埃利斯、玛丽亚·佩德森、玛丽·查连洛、吉恩·达夫、凯丽·维戴尔斯卡、伊芙琳·法卡斯、多萝西·贝瑞等。我有幸结识了邻居和朋友们，非常感谢阿尔瓦罗和贾尼斯，你们总是很懂我。我也为自己的家庭感到骄傲，感谢我的母亲和哥哥，以及亲爱的妹妹兼闺蜜芭芭拉。最重要的是，我有幸生下了我的爱子山姆·贝斯利，他是"上帝赐予一位母亲的最佳礼物"。